KB003257

불확정성 원리

인과법칙에서 확률론으로

불확정성 원리

인과법칙에서 확률론으로

–

초판 1쇄 1996년 06월 05일
개정 1쇄 2023년 04월 18일

–

지은이 쓰즈키 다쿠지
옮긴이 임승원
발행인 손영일
디자인 강민영

–

펴낸 곳 전파과학사
출판등록 1956. 7. 23 제 10-89호
주 소 서울시 서대문구 증가로18, 204호
전 화 02-333-8877(8855)
팩 스 02-334-8092
이메일 chonpa2@hanmail.net
홈페이지 www.s-wave.co.kr
공식 블로그 https://blog.naver.com/siencia

ISBN 978-89-7044-596-0(03420)

불확정성 원리

인과법칙에서 확률론으로

쓰즈키 다쿠지 지음 | 임승원 옮김

전파과학사

머리말

"당신은 1년 내에 죽는다"라든가, "당신은 한 달이 지나기 전에 교통사고로 저승에 간다"라는 말을 들으면 누구라도 기분이 좋지 않을 것이다. 그러나 "100년 후에 당신은 이미 이 세상에 없다"라는 선언에 대해서는 인정하지 않을 수 없다.

자기가 죽는다고는 생각해 본 일이 없다고 아무리 우기는 사람도 설마 100년 후의 세계를 자기 자신의 눈으로 볼 수 있다고는 생각하지 않을 것이다. 우리의 생명은 아마도 향후 20년이나 40년 또는 60년 정도가 될 것이다. 아무튼 이러한 것은 인정하지 않을 수 없다.

하지만 누구도 자신의 죽음의 시기를 모르고 있다. 또 많은 사람은 그러한 것은 모르고 있는 편이 낫다고 생각하고 있다. 가령 죽음의 시기가 분명하게 정해져 있다면 노이로제 환자가 한층 늘어날 것이 틀림없다. 아무리 그럴듯한 논리를 늘어놓아도 우리 같은 일반인에게 죽음은 두렵고, 도저히 오도(悟道)한 심경이 되기는 어렵다.

인간 모두가 정신수양을 하여 생명에 대해서 담담한 태도를 취하게 된다면 오히려 죽음의 시기를 알고 있는 편이 좋을지도 모른다. 재산정리, 유산상속 등의 사무 처리는 원활하게 진행될 것이고 노후대책에 대한 목표설 정도 가능하다. 또 실무에서 은퇴하는 알맞은 시기도 자신이 결정할 수 있다. 몇천만 원의 예금이 있으면서 영양실조로 죽는 일은 없어질 것이다.

죽음에 대해서 어떻게 느끼는가는 제쳐 놓고 여기서 문제로 삼으려는 것은 우리의 운명은 삶도 죽음도 실제로 꼭 정해져 있는 것인가 하는 점이다. 과장해서 말하면 우주 전체의 운행은 천체의 운동처럼 유유한 것으로부터 복잡하기 짝이 없는 인간의 생명까지, 거듭 작은 벌레의 일생도 모든 것을 총괄하여 전부 예정된 각본대로 움직이고 있는 것인가 하는 것에 대한 의문이다.

19세기까지의 고전물리학에 따르면 자연현상의 추이(推移)는 모두 기계론으로서 설명된다고 생각하고 있었다. 만일 인간도 기계의 톱니바퀴의 하나에 지나지 않는다고 한다면—이에 대해서는 현재의 과학으로도 분명하지 않은 것이 많지만—모든 현상은 약간의 빈틈도 없는 인과율로 딱 억제되어, 원인에서 유도되는 필연의 결과를 향해서 정해진 궤도 위를 한결같이 계속 달리는 것이라고 생각한 것이다.

예컨대 현재의 자신은 독서 중이고 어머니는 바느질, 동생은 텔레비전을 보고 있다. 친구인 아무개는 수학 공부를 하는 중이고 시장은 예산을 검토하며 정부는 긴축금융을 고려 중이고, 지구는 궤도의 어느 부근에 있고 태양계는, 은하계는, 여차여차……라는 현재의 상태로부터 귀결되는 미래상은 어떻게 바뀌어도 오로지 한 가지밖에 없다는 것이다.

자연계는 정말 그러한 것일까. 그러나 이 절대적이라고도 생각되는 인과법칙에 제동을 건 것이 있다. 양자론적 사고…… 불확정성 원리가 그것이다. 역학 법칙을 완전히 이해하는 자가 있다고 하면 그는 이제 막 손에서 떨어지려는 주사위를 보고 나올 끗수를 맞힐 것이다. 그런데 이처럼 물리법칙에 완전히 통달하고, 게다가 생각하는 그대로의 관측이 가능한 만능의 초인이 있었다 해도, 원인에서 유발되는 필연적 결과로서 자연현상을 한 가지로 예언하는 것은 불가능하다—정확히 말하면 과거도 미래도 확률적으로밖에 결정되지 않는다고 주장하는 것이 불확정성 원리다. 그리고 이 불확정성 원리를 토대로 실험 사실을 충실히 종이 위에 기술한 수학적 체계가 양자역학이다. 현재로서 양자역학은 참으로 훌륭한 수학적 기법이고 미시 세계를 탐구하는 데 이것 이상 좋은 방법을 우리는 아직 모른다.

하지만 이 정교한 양자역학도 이것을 어떻게 해석하는가라는 극히 소박한 문제가 되면 의외로 애매하다는 것이 지적되고 있고 갖가지 다른 견해가 제기되고 있는 것 같다. 예컨대 이 책의 마지막에서 언급하는 슈뢰딩거의 고양이는 가장 전형적인 문제의 하나다.

이러한 기본 문제를 반드시 해결해 주려고 끝까지 버틴다면…… 그로부터 앞으로는 한 걸음도 나아갈 수 없을지도 모른다. 학문체계에는 가끔 이러한 근본적인 의문이 해결되지 않은 채로 남겨져 있는 일이 있다. 그러나 의문은 의문으로 일단 제쳐놓고, 거기서 답보 상태로 있지 않고 뒤이어 전개된 이론을 계속 흡수해 가는 것도 하나의 공부 방법이다. 학습하는 사람의 태도로서는 그러한 쪽이 오히려 현명한 경우가 많다. 넓은 지식을 흡수한 후에 의문점을 되돌아보면 의외로 사안의 전모가 분명해지는 일이 있다. 미해결된 부분에 깊이 관여하는 것보다는 더 발전적인 사상(事象)에 정력을 할애하는 편이—약삭빠른 사고방식인 것 같지만—학습하는 사람에게는 효과가 큰 것 같다.

고단샤 과학도서출판부의 권유로 이른바 인과관계를 물리학의 입장에서 바라보면 어떻게 되는가 하는 것을 테마로 하여 적어보았다. 전공이 아닌 분들도 친밀감을 갖도록 하기 위해 공상적인 비유도 상당히 추가했다. 뻔뻔한 변명인지도 모르지만 현명한 독자는 물리학은 물리학, 꾸며낸 옛날 이야기는 꾸며낸 이야기로 걸러 내면서 읽어 줄 것으로 생각한다.

쓰즈키 다쿠지

목차

서장

거인 팀의 호시

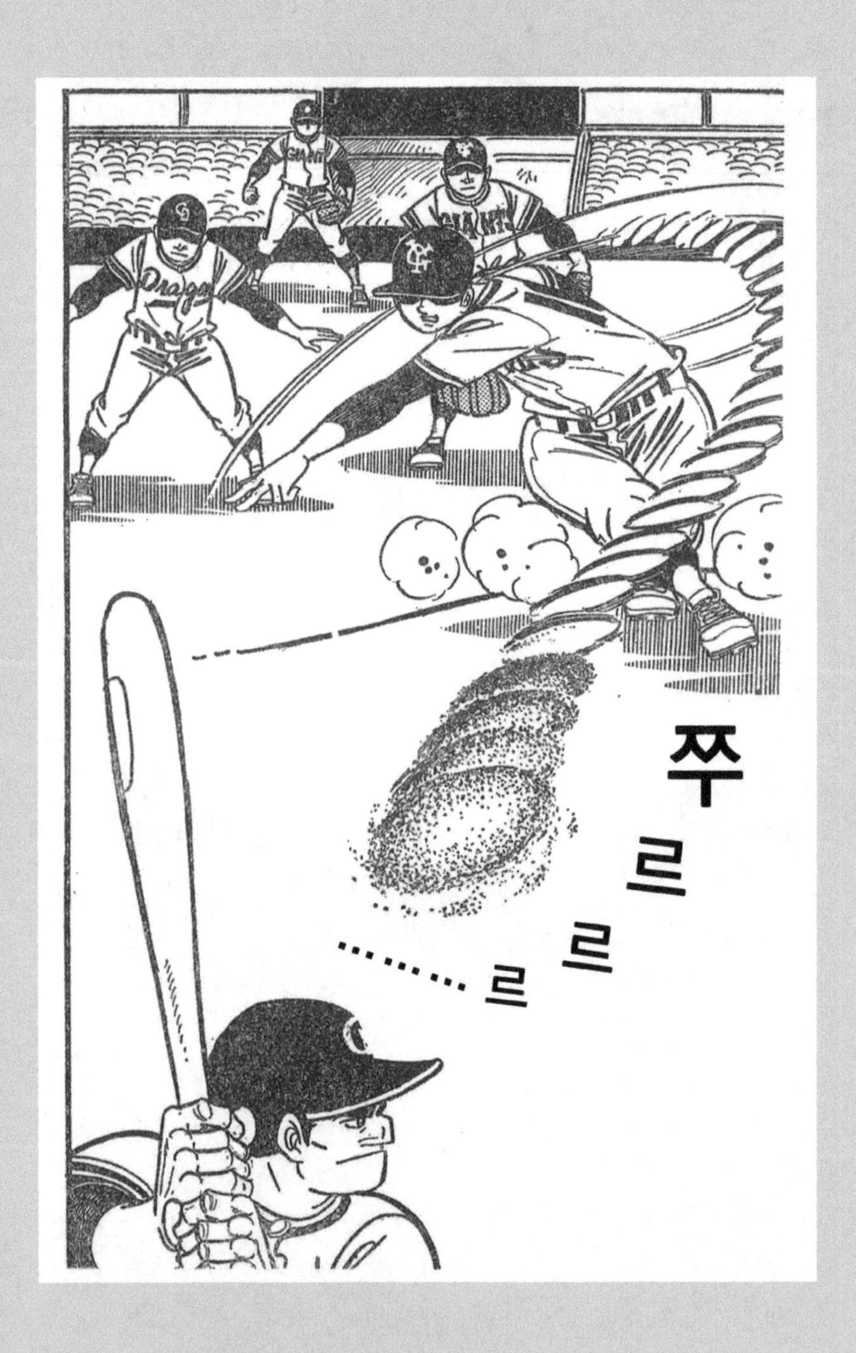
쭈
르
르
……르

호시 히유마의 등판

시합은 요미우리 자이언츠(거인)와 주니치 드래건스였다. 이날 거인의 선발투수 와타나베는 결코 컨디션이 나쁘지 않았지만 거인 팀은 주니치의 흑인선수 암스트롱 오즈마 한 사람에게 휘둘렸다.

오즈마는 원래 미국 센트루이스 카디널스의 후보선수였으나 1968년도의 월드 시리즈 종료 후 일본으로 원정을 왔는데 그때 실력을 인정받아 일본의 주니치 구단으로 적을 옮겼다. 1969년에는 그 타격력을 살려 거인, 한신, 다이요 등의 팀을 상대로 마구 쳐대서 센트럴리그의 투수진을 부들부들 떨게 하고 있는 한창 젊은 나이의 선수다. 게다가 주니치의 코치 호시 잇테츠는 비길 데 없는 고집불통이어서 일본에 온 오즈마에게 철저한 스파르타 훈련을 시켰다.

5번 타자인 오즈마는 제1타석에서 와타나베로부터 솔로 홈런을 빼앗았고 제2타석에서도 제1구를 맹렬한 라이너로 센터의 우측으로 날렸다. 거인의 센터를 지키는 시바타는 힘껏 뒷걸음질 쳐서 러닝 점프로 일단은 글러브로 공을 잡은 것처럼 보였으나 타구의 굉장한 힘에 밀려 넘어져 공은 그대로 외야의 벽에 부딪혔다. 오즈마는 2루를 걷어차고 3루로 맹렬하게 슬라이딩했다. 외야로부터의 송구를 받은 나가시마도 일순간 터치가 늦어져 오즈마의 기록은 3루타가 됐다. 이 무렵부터 투수인 와타나베는 차츰 침착성을 잃어 시합의 페이스는 이미 주니치의 것이 됐다.

다시 타순은 주니치의 라인업으로 돌아가고 톱 타자인 4번 에토는 갑자기 레프트 선에 통렬한 2루타를 날린다.

한편 거인 팀의 불펜에서는 이 이야기의 주인공 호시 히유마가 가네다, 호리우치와 나란히 서서 공을 던지며 어깨를 풀고 있다.

다음 타자는 오즈마. 1루가 비어 있으므로 투수는 당연히 4구로 1루에 진출시키고 6번 타자 기마타와 승부하는 것이 야구의 이론이다. 오즈마는 천천히 타석에 선다. 백네트 뒤의 관람석에 있는 해설자도 "오즈마를 포볼로 출루시키는 한 가지 수밖에 없지요."라고 말한다. 오즈마의 보이지 않는 스윙—너무 빨라서 똑똑히 볼 수 없는 속도로 휘두르는 배트 앞에는 어떠한 공을 던져도 쓸데없다고 생각한 것이다.

이때 거인의 벤치에서 가와카미 감독이 일어섰다. 성큼성큼 마운드에 다가서서 와타나베를 강판시키더니 주심에게 큰 소리로 선언했다.

"투수, 호시."

사라지는 마구

호시 히유마는 마운드 위에서 던질 자세를 취한다. 타자인 오즈마와 눈이 마주친다. 치열한 경쟁자끼리 불꽃이 튄다. 양쪽 모두 이마에서 땀이 흐른다.

히유마는 수개월 전 오즈마에게 호되게 당하고 슬럼프에 빠져 다마카와 구장에서 2군과 함께 격렬한 연습을 해왔다. 따라서 공식전에 출전하는 것은 오래간만이다. 그러나 오늘의 히유마에게서는 몇 개월 전에 받은 큰 충격은 흔적도 찾아볼 수 없다. 무언가 정체를 알 수 없는 신들림이 있는 것 같다. 이 분위기를 재빨리 알아차린 오즈마는 조금 전까지의 와타나베 투수에 대한 공격 자세와는 달리 온몸에 살기가 감돌았다.

두 번 정도 2루에 공을 보내서 주자 에토를 견제한 다음 제1구를 던진다. 타석 안의 오즈마는 확실히 히유마의 손에서 공이 떠나는 것을 보았다. 홈 플레이트 위를 지나가는 일순간을 놓치지 않고 이 공을 마음껏 때리면 되는 것이다. 때리자……라고 하는 순간 공이 없다. 날아와야 할 공이 어디에도 눈에 띄지 않는다.

어어 하고 생각한 순간 쭈르르 소리를 내고 공은 포수인 모리의 미트에 맞았다. 긴장한 기색이었던 모리는 엉겁결에 그 공을 튕겨내 공은 발밑을 대굴대굴 구른다. 재빠르게 공을 주워 2루 주자 에토를 매섭게 쏘아보았더니 주자는 도루는커녕 멍청하게 그대로 서 있다. 투수와 포수를 연결하는 선상에 있던 에토는 공이 홈 플레이트 위에서 사라진 것을 알았던 것이다.

"스…스트라이크!"

라고 선언은 했지만 주심도 무언가 여우에 홀린 것처럼 고개를 갸우뚱하고 있다.

대 리그 공 2호

백네트 뒤의 방송석. 아나운서가 해설자에게 말했다.

"지금의 스트라이크는 조금 수상쩍지 않습니까? 명포수인 모리도 공을 떨어뜨렸고 게다가 주심도 고개를 갸웃거리고 있으니 말이죠."

"아, 아니 그것이 사실은…… 나도 깜빡하여 공을 못 보고 넘겼어요. 해설자로서 정말 면목이 없군요."

이 해설자는 의외로 정직하다. 많은 관중도 지금의 사건이 잘 납득이 가지 않았던 것 같다. 그것보다는 단순히 오즈마가 스트라이크 공을 치지 않고 그냥 보낸 것에 불과하다고 생각하고 있는 것 같다.

이어서 제2구가 던져진다. 이것도 타자 앞에서 사라져 버린다……라고 생각한 순간 쭈르르 하고 포수의 미트에 들어간다. 이번에는 모리가 단단히 공을 잡는다.

"우우……"

일순간 신음한 주심도

"투 스트라이크!"

라고 선언한다. 하지만 어쩐지 석연치 않은 기분으로

"모리 선수, 그 공을 잠시 내게 주시오."

라고 말하고 모리가 내민 공을 받아 자세히 점검한다. 별다를 것 없는 공식 전용구이다. 무게도, 딱딱함도 그 밖에 어디를 봐도 속임수가 있다고는 생각할 수 없다.

주심은 직접 투수에게 공을 되돌려주고 '플레이'를 외친다.

구장은 아주 조용해진다. 갑자기 히유마의 공이 2루수에게 보내져 에토에게 터치. 에토는 아까부터 2루 베이스에서 1미터쯤 떨어진 위치에 아연한 기색으로 서 있었을 뿐이다. 터치를 당하고도 아직 비몽사몽이다.

"아웃!"

2루심의 목소리에 번쩍 제정신으로 돌아온 에토는 일직선으로 자기편 벤치로 뛰어가

"고, 공이… 사, 사라졌어. 사라지는 마구(魔球)를 호시가 던지고 있어!"라고 외친다.

그 후의 구장 안은 대소동이다. 구장뿐 아니고 텔레비전 시청자도 난리다.

"공이 보이지 않는다!"

"공이 사라진다!"

"호시가 마구를 던지고 있다!"

이 집, 저 집의 창에서 놀라는 목소리가 새어 나온다.

"드디어 '대 리그(大 leage) 공' 2호가 탄생한 것인가?"

주니치의 코치 호시 잇테츠는 3루 코치석에서 팔짱을 끼고 복잡한 표정을 짓는다.

오즈마에게 던진 제3구도 사라지는 공……. 그는 어처구니없게 삼진 아웃된다.

6번 타자 기마타에게는 제1구가 직구 스트라이크. 사라지는 마구에 완전히 겁을 먹은 그는 보이는 공조차 치는 것을 잊어버렸다. 제2구는 외각으로 약간 높은 공. 그런데 기마타는 정신이 없어 이것을 헛쳐서 투 스트라이크. 그리고 제3구째가 사라지는 마구. 그도 헛되이 삼진 아웃이 되어 주니치의 공격은 끝난다.

결국 호시 투수의 마구 앞에 주니치는 참패한다. 그 이후 거인 팀은 히유마의 사라지는 공으로 센트럴 리그의 강타자를 차례로 격파하여 1969년도의 우승기를 차지하게 된다.

재팬 시리즈에서도 대 리그 공 2호가 맹위를 떨쳐 한큐(阪急) 팀을 물리치고 사상 최초의 5연패를 달성한다.

대 리그 공 1호

호시 히유마는 이보다 전인 1968년도에 대 리그 공 1호를 완성했다.

처음으로 거인 팀에 입단한 히유마는 어린 시절부터 아버지 잇테츠 씨에게 단련된 왼팔로 속구를 던져 시즌 전의 타이완 캠프에서 자기편의 강타자를 잘 눌렀다. 그런데 그의 라이벌인 한신 팀의 하나가타 미쓰루나 다이요 팀의 사몽 호사쿠는 이미 호시의 구질이 가볍다는 것을 간파했다. 컨트롤이 없는 속구로는 안 된다는 것을 깨닫고 고심 끝에 다마카와의 2군 진지에서 짜낸 변화구가 대 리그 공 1호다.

공은 홈 플레이트에서 상당히 벗어난 선을 따라 날아온다. 때리지 않고 보고만 있으면 당연히 볼이다. 타자는 그대로 공격 자세를 취하고 있다. 그랬더니 느닷없이 공은 커브하여 타자의 배트에 맞아 버린다. 결과는 뻔하다. 고작 땅볼이 돼서 타자는 간단히 아웃이 된다. 타자가 칠 기세로 충분히 공격 자세를 취해도 공이 재빨리 배트에 와 닿는다. 이 기묘한 대 리그 공 1호에 센트럴 리그의 타자 모두가 눈코 뜰 새 없이 바빠진다.

한신의 1루수 하나가타는 타석에 서서 히유마와 대치했을 때, 호시의 투구와 동시에 잽싸게 배트를 자기 등 뒤에 감추어 버렸다. 그런데 공은 홈 플레이트의 한복판을 그대로 지나가는 직구 스트라이크였다. 입술을 깨문 하나가타는 하는 수 없이 다음에 보통의 공격 자세로 돌아가고 제2구째 대 리그 공에 플라이 아웃을 당하여 물러난다. 벤치에 돌아온 호시에게 가와카미 감독이 묻는다.

"저 하나가타의 기상천외한 작전까지 예측하여 미리 스트라이크를 던진 건가? 설마 신은 아닐 것이고……."

"아니오, 예측했습니다."

그의 대답은 거인의 팀원들을 놀라게 한다.

"예측이란 신들림 같은 것은 아니고 분명한 데이터의 축적입니다. 검도가, 권투선수, 사격수는 상대방의 눈, 발 게다가 근육까지도 관찰하고 다음의 동작을 예측하여 앞질러서 공격합니다. 하나가타의 경우는 손이었습니다. 하나가타의 왼손 손가락이 배트에서 떠 있고 손목의 근육도 이완되어 있는 것을 알았던 것입니다. 그러면 오른손만으로 배트를 어떻게 할 작정이구나라고 예측이 되어 투구 직전에 대 리그 공에서 보통의 스트라이크로 바꾼 것입니다."

이것을 들은 나가시마 선수는 "아하! 가령 배트를 감추지 않았다 해도 오른손 하나로는 고작 내야를 대굴대굴 구르겠군."이라고 감탄한다. 가와카미 감독도 "대 리그 공이 백발백중하여 명중률을 높게 하는 원동력이 되는 예측이라는 것을 이럭저럭 현실적으로 터득하게 되었네"라고 기뻐한다. 그러나 호시의 전법도 마침내 깨질 때가 온다. 한신의 하나가타는 철 배트로 철구(鐵球)를 때리는 맹훈련을 거듭하여 시즌 마지막 시합에서 호시로부터 홈런을 빼앗는다. 이때의 하나가타는 공격 자세를 취한 배트에 대 리그 공이 명중하는 순간 세차게 스윙하여 외야 스탠드 위의 광고판에 직선으로 날아가는 타구인 라이너를 부딪히게 한 것이다. 그러나 하나가타도 거듭된 맹훈련과 이 한 번의 스윙으로 스스로의 에너지를 소진하여 피로 물든 배트를 남기고 쓰러져 버린다. 그리고 다음 1969년 여름, 6대1로 리드하고 게다가 2사 만루의 거인 팀 핀치 속에서 히유마는 다시 결정적인 파국을 맞이한다.

1969년 히유마의 아버지 잇테쓰는 주니치의 코치에 취임했다. 부자가 야구를 통해서 대결하게 된 것이다. 잇테쓰는 미국에서 적을 옮겨 온 오즈마가 자기 아들 히유마가 던지는 대 리그 공 1호를 치게 하기 위하여 철저하게 교육했다. 그 결과…….

아버지 잇테쓰가 단련시킨 오즈마와 아들 히유마의 대결. 호시의 제1구는 볼. 제2구, 제3구 모두 볼. 제4구째…… '승부 대 리그 공'이라 외친 히유마의 손에서 공이 떠난다. 오즈마가 배트를 세차게 스윙하고 타구는 높게 외야석의 상단으로…….

오즈마는 배트를 플레이트의 한가운데로 내밀어 여기에 대 리그 공 1호를 유인한 것이다. 보통이라면 공은 배트에 명중하여 땅볼이다. 하나가타의 경우는 그대로 맹스윙을 했다. 그러나 오즈마는 눈에도 띄지 않는 속도로 일단 배트를 백스윙하고 다시 공에 잘 갖다 맞추는 스피드 스윙을 한 것이다.

잇테쓰는 이렇게 해서 자기 아들을 골짜기로 밀어 떨어뜨렸다. 히유마는 슬럼프에 빠져 2군으로 내려간다. 이 슬럼프를 극복해서 탄생한 것이 대 리그 공 2호이다. 이렇게 호시와 오즈마는 두 번째의 대결을 맞이한다.

여기서 사라지는 마구—즉 처음에 언급한 대 리그 공 2호의 이야기로 되돌아간다.

사라지는 마구를 추리한다

'거인의 호시' 제2화의 완결 시점에서, 사라지는 마구의 정체는 아직 밝혀져 있지 않다. 여러 가지 힌트는 주어져 있으나 호시 잇테쓰도 하나가타 미쓰루도 그 계교를 완전하게는 간파하고 있지 않은 것 같다.

대 리그 공 2호는 타자 곁에서 갑자기 사라져 버린다. 그런데도 포수의 미트에는 공이 쏙 들어가 있다. 도대체 히유마는 어떠한 공을 던지고 있는 것일까. 팬들은 추리한다.

야구평론가인 사사키 노부야 씨는 공이 너무 빨라 보이지 않는다고 추론하고 있다. 호시가 던지는 공은 긴테쓰 팀의 스즈키나 에나쓰의 3배 정도인 초속 130m 정도……. 옛날 프로펠러 비행기 정도의 속도다. 이 정도의 속도가 되면 아마 타자에게는 공이 보이지 않을 것이다.

텔레비전에서 히유마 역을 맡고 있는 후루타니 테쓰 씨는 홈 플레이트 부근에서 흙먼지가 날아오르도록 해서 지면의 색깔로 공을 숨긴다고 결론 내린다.

가수 와다 아키코 씨는 세차게 옆으로 커브한 공이 타자의 뒤를 돌아서 미트에 들어가는 것이라고 말한다.

여배우 히타리 도키에 씨는 세찬 자전(自轉)으로 공의 스피드가 타자 바로 앞에서 갑자기 쇠퇴하기 때문이라고 설명한다. 예리하게 커트된 탁구공과 비슷한 것이라는 이야기다.

아무튼 사라지는 마구에 대해서 많은 사람이 각양각색의 추론을 하고 있으나 결론은 한결같지 않다. 도대체 히유마는 어떠한 공을 던지고 있는 것일까.

컴퓨터 교수의 의견

컴퓨터 교수란 한때 거인의 호시 팬들을 '불가사의 과학 퍼즐'로 괴롭힌 물리학자다. 교수 또한 호시 히유마의 팬이고 대 리그 공에 대단한 관심을 가지고 있다.

1969년도의 시즌도 끝나고 사라지는 마구의 정체가 아직 판명되지 않은 무렵, 교수는 도쿄 내의 모처에서 어느 스포츠 신문 기자와 만나고 있었다. 화제는 호시의 마구에 이르렀다. 교수는 의견을 내놓는다.

"나는 대 리그 공 1호와 2호는 서로 근본적으로 다른 것이라고 생각합니다. 물리학으로 말한다면 1호는 옛날의 물리학, 보통은 이것을 고전물리학이라 말하는데, 고전물리학의 정수(精粹)를 구명한 것이라 말할 수 있습니다."

"고전이라 말씀하시는데 음악이나 소설이라면 짐작이 갑니다마는 물리학에서는 아무리 해도……."

"그렇다면 이러한 이야기는 어떨까요. 지금 여기서 주사위를 던졌다고 합시다. 예컨대 3의 끗수가 나왔다고 합시다. 왜 3이 나왔다고 생각합니까?"

"그것은……주사위가 굴러서 정확히 3이 위로 된 부분에서 움직이지 않게 되었으니까……."

"결국 때마침 3이 나왔다는 것이군요?"

"우연이라고밖에는 달리 표현할 방법이 없다고 생각합니다만."

"그러나 이렇게도 생각할 수 있습니다. 주사위가 손에서 떠나는 순간에 손가락으로부터 어떠한 힘을 받았는가, 낙하 도중에 공기의 저항이 어떤 식으로 작용했는가, 이밖에 떨어지기 시작하는 각도나 낙하 거리 등, 이치로 따지면 모든 것이 알 수 있는 일입니다. 거듭 마루에 떨어진 순간에 주사위의 어떤 꼭짓점이 먼저 닿았는가…… 또 그때의 속도나 각속도 등도 모두 결정될 것입니다. 그 밖에 마루의 매우 작은 요철(凹凸)이나 주사위의 면이나 모서리의 성질 등도 알 수 있는 것이므로 만일 인간이 이 모든 데이터를 완전히 알고 있었다 하면 주사위가 손을 떠나는 순간에 어떤 끗수가 나오는지를 알 수 있을 것입니다."

"그렇지만 아무리 과학이 진보해도 마루에 구르는 주사위의 끗수를 알

과거도 미래도 모르는 것은 아니다

게 된다고는 좀처럼 생각할 수 없습니다마는……."

"그렇습니다. 현실의 문제로서는 무리겠지요. 그러나 별로 좋은 예는 아닙니다만, 숙달된 솜씨의 노름꾼이라면 주사위를 굴리거나 단지 속에서 흔들어서 좋아하는 끗수를 내는 일 정도는 가능하겠지요. 그러나 이것은 조작이 있을 때의 이야기이고 다른 사람이 무심코 주사위를 던지려고 하는 자세를 보는 것만으로는 어떤 끗수가 나오는지 맞추는 것은 조금 무리일지도 모릅니다."

"현실 문제로는 무리라 해도 아주 잘 연구하면 나오는 끗수가 어떤 것인지를 이론적으로 알 수 있다는 것이군요."

"안다는 입장을 취한다……라는 것이 고전물리입니다. 원인이 있으면 그것으로부터 생기는 결과는 단지 하나로 확정되어 있다는 사고방식, 이것을 인과율이라 말하고, 고전물리에서는 이것이 성립한다고 믿고 있습니다. 예컨대 주사위를 던지는 힘이라든가 마루의 미끄러짐의 상태라든가, 그 밖에 온갖 조건만 부여하면 구하는 결과는 단지 한 가지로 분명히 결정되어 있는 것이다……라고 해 주는 것이 고전물리입니다."

"'해 준다'는 너무 무책임한 말투군요."

"네, 전부의 과정을 낱낱이 인간이 볼 수 있는 것도 아니니까요. 이야기가 비약하는 것 같지만 나폴레옹 보나파르트는 알고 계시지요? 임종 때 '프랑스……진두(陣頭)로……'라고 말하고 숨을 거두었다고 하니까 때마침 꿈은 싸움터를 뛰어다니고 있었는지도 모릅니다(세인트 헬레나에서 위암으로 사망).

이 나폴레옹의 위세가 아직도 한창일 무렵 총애하던 추종자 중에 라플라스라는 사나이가 있었습니다. 이 사람은 대단한 학자로서 불후의 대저작이라 일컬어지는 책을 몇 권 남겼습니다. 그 책에 대해서 언젠가 나폴레옹이 놀려주려고 생각했습니다. 즉 '자네는 신에 대해서 언급하는 것을 잊고 있네'라고 말하는 것입니다. 그런데 라플라스는 의기양양하게 이렇게 대답했습니다. '폐하 저에게는 신이라는 가설은 필요 없습니다.'

이 밖에 정확히 외우고 있는 것은 아니지만, '이 지력(知力)으로서는 불확실한 것은 무엇 하나 존재하지 않고 과거도 미래도 모두 이 두 눈에 비추어진다'라는 라플라스의 말은 유명합니다.

즉 우리는 미래는 '신만이 안다'라는 식으로 말하는데 그것은 잘못된 것이라고 이 고전물리의 대변인은 말하고 있는 것입니다. 이렇게 하면 반드시 저렇게 된다는 것은 인간의 영지(英知, 과학)를 잘 닦으면 모든 것을 알게 된다는 것을 이야기하는 것입니다. 예컨대 스트라이크 존을 굉장히 벗어난 곳으로 공이 오면 타자는 당연히 볼이라 생각할 것이고, 공에 얼마만큼 스핀을 걸면 어떤 식으로 커브하는가도 알 수 있습니다. 요컨대 통찰력의 깊이가 문제라는 것입니다.

또한 예상하기 어려운 것 중에 주사위가 있습니다. 이 주사위를 던져서 3의 끗수가 나온다, 3이라도 5라도 상관없지만 아무튼 주사위를 던져서 어떤 끗수가 나오는 확률은 6분의 1이라는 것, 이것은 초등학생도 알고 있습니다. 그런데 우리에게 확률이 필요한 것은 '원칙적으로는 알 수 있으나 실제로는 알기 어렵다'와 같은 조건이 들어오기 때문이라고 라플라스는 말하는 것입니다. 즉 이치대로의 데이터가 전부 입수되면 조금 전의 이야기처럼 확률은 필요 없다고 말하는 것입니다.

이렇게 되면 이미 과신(過信)의 기미가 없는 것도 아닙니다. 당신이 이야기하는 것처럼 무책임이라 하면 틀림없이 무책임입니다."

"그러나 하여튼, 나중이니까 그러한 것을 말할 수 있는 것이 아닐까요. 솔직히 말해서 나에게는 라플라스가 말하고 있는 것이 사실처럼 느껴집니다. 우리의 주의가 미치지 않는 곳에서 매사가 딱 결정되어 있다. 그러나 정확히 그대로인가라 질문을 받으면 어쩐지 알 것 같기도 하고 모를 것 같기도 하고…….

예컨대 주사위를 던지는 장면을 초고속 촬영을 한다고 가정해 봅시다. 현상이 끝난 필름을 한 컷 한 컷 상세하게 조사한다, 그 결과 고전물리에서는 예상도 하지 않았던 한 컷이 찍혀 있었다와 같은 일은 있을 수 없겠지요."

"확실히 그렇습니다. 주사위 정도의 크기가 되면 전적으로 그렇습니다. 그러나 나중에 알게 된 일입니다마는 자연과학이 확률을 필요로 하는 것은 라플라스가 말하고 있는 것 이외에도 이유가 있습니다. 그것은 다루는 것이 더 작아지면 말이죠."

여기서 교수는 한숨 돌리고 컵의 물을 마셨다. 중요한 것을 말하겠다는 무의식적인 제스처다.

그런데 신문 기자로서 보면 아까부터의 이야기가 어쩐지 알쏭달쏭하다. 이것은 깊이 들어가지 않는 것이 좋겠다는 생각이 들어 즉시 견제구를 던졌다.

"그렇군요. **통찰력**과 **컨트롤**, 이 두 가지를 끝까지 이상화한 것이 대 리

그 공 1호이군요. 잘 알았습니다."

"그렇습니다. 상대방의 눈빛으로부터 마음속을 살핀다든가, 손발의 사소한 움직임을 보고 다음의 행동을 알아차린다든가 하는 것은 경험이나 훈련으로 상당한 선까지 가능하겠지요.

또 하나는 공의 컨트롤. 공기의 저항과 손가락의 힘 이외에 개입하는 것은 아무것도 없으므로 이것도 훈련 나름으로 마술사와 같은 일이 가능하겠지요."

"문제는 대 리그 공 2호군요."

"나로서는 2호는 1호와 달라서 양자론적인 공이라고밖에는 생각할 수 없습니다."

"양자론이라 하면……."

"한마디로 말하면 원자나 전자와 같은 매우 작은 것의 세계에서 통용되는 법칙으로 이것은 고전론과는 완전히 다릅니다. 원인을 알면 그것으로부터 귀결되는 결과는 틀림없이 한 가지로 확정되어 있다고 하는 고전물리의 사고방식은 원자의 세계에서는 통용되지 않습니다.

야구공처럼 큰 것이 어째서 양자론이 되는가……, 이것은 완전히 수수께끼이지만 호시 투수가 던지는 대 리그 공 2호는 모조리 양자론을 따르고 있는 것 같습니다."

"그 양자론이라는 것을 조금 더 알기 쉽게 설명해 주실 수 없겠습니까?"

"예컨대 전자를 예로 듭시다. 전자는 일정량의 질량과 마이너스의 전기를 갖고 있으므로 이러한 것으로부터는 전자는 입자라고 생각할 수 있습니다.

그림 1 | 전자가 창을 빠져 나가게 한다

그러면 이 전자가 P점에서 오른쪽으로 달리기 시작했다고 합시다. 전자를 공간으로 달리게 하려면 금속에 빛을 닿게 한다든가, 금속을 뜨겁게 해 준다든가 하면 됩니다. 그렇게 어려운 기술은 필요 없습니다. 또 방사성 원소로부터는 많은 경우, 전자가 튀어나옵니다. 이때 전자의 흐름을 베타선이라고 말하고 있습니다.

그런데 이 전자를 S라는 창을 빠져나가게 합니다. 열린 창으로 오지 않은 것은 두꺼운 벽으로 차단되어 통과하지 못합니다.

창을 통과한 것은 거듭 그 오른쪽에 있는 B라는 브라운관에 충돌합니다. 예컨대 브라운관 위의 C라는 점에 부딪히면 형광도료 때문에 C점이 빛나게 됩니다."

"이 장치를 야구에 비유하면 P가 투수, 창 S가 스트라이크 존, B가 포수 미트이군요."

"그렇습니다. 거기까지 이해해 주시면 이야기는 아주 편해집니다. 전자는 P점에서 출발하여 C점에 도착할 때까지 도중에는 보이지 않는 것입니다. 공으로 말하면 스트라이크 존을 지난 것은 사실이므로 카운트는 스트라이크이지만 C점에서 포수 미트에 들어간 순간에 비로소 정체를 나타내게 됩니다."

"보이지 않지만 공은 확실히 스트라이크 존을 지나갔다?"

"그렇습니다. 포수가 공을 잡았다는 것이 가장 좋은 증거입니다."

"그러면 투수가 투구한 다음에 바로 무턱대고 스윙을 하면 어떻게 되는 겁니까. 당연히 헛스윙입니까?"

"아니, 반드시 그렇다고는 할 수 없습니다. 경우에 따라서는 캉 하는 소리를 내며 공이 맞는 일도 있습니다. 그 순간에 공은 정체를 나타냅니다. 경우에 따라서는 홈런이 될지도 모릅니다."

"그렇군요. 보이지 않지만 그곳을 통과하고 있는 것이니까……. 그렇게 되면 대 리그 공 2호도 안타가 되는 일이 있는 것이군요."

"있습니다. 다만 타자의 눈에는 날아오는 공이 보이지 않으므로 맹목적으로 스윙하여 우연히 배트에 공이 닿았을 때밖에 공은 날지 않습니다. 아마 타자의 타율은 보이는 공의 경우보다 훨씬 나빠지겠지요. 그러나 유감스럽게도 타자를 완전히 봉쇄한다고까지는 단언할 수 없습니다."

"타자가 운 좋게 공이 지나는 길을 스윙했을 때 한해서 안타가 되는 것이군요."

"지금 당신이 한 말 중에서 '운 좋게'라는 것은 적절한 표현입니다. 그러나 '공이 지나는 길을 스윙했을 때'라는 말은 틀립니다."

"〈그림 1〉로 이야기하자면 P와 C를 연결하는 선상으로 배트를 스윙하면 되는 것이 아닙니까?"

"그 점이 틀립니다. 아무튼 포수는 때로는 인 하이(in-high)로, 또 때로는 아웃 로(out-low)로 공을 잡겠지요. 아니면 한가운데로 공을 잡았을지도 모릅니다. 그러나 가령 아웃 로로 공을 잡았다고 해도, 나지막하게 크게 스윙하고 있었다면 공을 때릴 수 있었겠는가라는 문제가 되면 이야기는 완전히 달라집니다."

양자공

"어쩐지 뜻을 알 수 없게 되었습니다. 그러면 무엇입니까. 보이지 않는 공은 홈 플레이트 부근에서 세차게 커브하고 있다는 것입니까?"

"아니, 그렇게 생각하는 것도 옳지 않습니다. 양자공(量子球)이라는 것은 포수 미트에 들어간 순간에는 약간 높게, 약간 낮게, 또는 인, 아웃 등 그 위치가 분명하지만—공이 눈에 보이니까 장소가 확정되는 것은 당연합니다—홈 플레이트상에서는 스트라이크 존의 어느 부분을 통과하는지는 완전히 불확정입니다."

"눈에 보이지 않으니까 불확정인 것은 당연하겠지요. 그러나 어딘가를 지나는 것이므로 그 지나는 길을 잘 때려 주기만 하면……."

"아니 그 사고방식이 틀립니다. 불확정이라는 의미를 원리적으로는 알 수 있는 것이지만 실제적인 문제로서 알 수 없다고 단순히 해석해서는 곤란합니다. 조금 더 쉽게 풀어서 말합시다. 양자공은 상당히 넓은 스트라이크 존의 온갖 장소를 빠져나가서 오는 것입니다."

"허허, 그러면 인 하이인 동시에 아웃 로이기도 하다는……."

"그렇습니다. 인 로이기도 하고 아웃 하이이기도 하며 한복판의 요소도 갖고 있습니다."

"그러면 공은 홈 플레이트상에서는 스트라이크 존 가득히 퍼지는 요괴와 비슷한……."

"그래요, 그렇게 생각하는 것이 가장 이해하기 쉬울 겁니다. 연기의 덩어리라든가 안개와 같은 상태라든가…… 아무튼 공은 쫙 퍼져 있는 것이 됩니다. 그러나 여기서 모기의 큰 무리라든가 연기와 같은 것을 실제로 생각해서는 곤란합니다. 무어라 할까요, 미립자의 집합이라느니 하는 것이 아니고 이미 보통의 물체라는 개념을 초월한 것이 거기에 있는 것이니까요. 물리의 말로는 이것을 파속(波束), 즉 파동의 다발이라 부르고 있습니다."

"그러한 연기와 같은 연기가 아닌 것 같은 것을 포수가 어떻게 잡을 수 있는 것입니까?"

"미트에 맞는 순간에 본 그대로의 작은 공으로 되돌아가는 것입니다. 또 마찬가지로 만일 배트에 맞으면 파속은 줄어들어 공으로서의 정체를 나타냅니다."

"그러면 스트라이크 존의 어느 언저리를 휘두르면 정체가 탄로 나는 것입니까. 약간 높게도 약간 낮게도 안개가 있는 것이라면…… 어쩔 도리가 없지 않습니까?"

"실제로 어쩔 수가 없습니다. 그래서 타자는 스트라이크 존의 한복판을 휘둘러 보고 그다음은 운명에 맡겨야 합니다."

"그렇다면 선구안(選球眼)이라는 것은 이 경우 소용이 없는 것이군요."

"양자공에 대해서는 선구안은 문제가 되지 않습니다. 아무튼 처분 대로 내맡긴 스윙이니까요."

"그러면 포수가 양자공을 잡는 것도 어려운 것이 되지 않습니까?"

"그렇습니다. 실제로 모리 선수도 공식 대전에서 제1구째의 대 리그 공 2호를 놓치고 있습니다. 양자공일 경우에는 차라리 한츄타 포수라도 나오게 해서 몸으로 받아내도록 하는 것이 가장 좋은 것은 아닐까요. 조금 잔혹할지도 모르지만 유도로 단련한 몸입니다. 처음에 한츄타 포수는 호시 투수의 속구를 열심히 몸으로 받아내고 있었던 것 같아요."

호시 투수 공략법

"호시 히유마는 불가사의한 공을 던지고 있군요. 타자로서는 휘둘러 볼 수밖에는 없는 것이군요."

"그렇습니다. 그 결과 어떤 **확률**로 배트는 공에 저스트 미트(just meet,

공을 배트의 중심에 때려 맞힘)하게 됩니다. 다만 여기서는 라플라스가 생각한 것 같은 이유로 확률이 나오는 것은 아닙니다만……."

"그러면 만일 타자가 배트 대신에 배드민턴 라켓과 같은 폭이 넓은 판자로 마음껏 스윙한다면……."

"판자의 넓이가 스트라이크 존 가득히 퍼져 있다면 스트라이크성의 마구라면 반드시 정체를 나타냅니다. 그러나 배트의 크기는 규칙으로 정해져 있으므로 설마 라켓을 사용할 수는 없겠지요."

"결국, 마구 앞에서 타자는 요행을 기대하는 것 이외에는 계책이 없다고 봐야겠군요."

"보통의 타자라면 그렇게 되겠지요. 그러나 하나가타 미쓰루나 사몽 호사쿠는 단순한 타자가 아닙니다. 아마 마구를 치는 비술(祕術)을 연마하고 있겠지요."

"그렇겠지요. 하지만 도대체 어떤 방법이 있는 것일까요."

"하나가타나 사몽이 무엇을 생각하고 있는지 나도 모릅니다. 그러나 하나의 아이디어로서 이러한 방법도 가능합니다. 아까 양자공이라는 것은 홈플레이트 위에서 안개처럼 퍼진다고 말했지요. 지겹도록 장황한 것 같지만 그것은 안개도 아무것도 아닙니다. 어떤 눈이 밝은 초인(超人)을 고려해도 볼 수 없는 물체, 분명하게 **물체**라고 말해도 좋은지 어떤지 모를 존재입니다. 그런데 정확히 말하면 이 안개와 같은 것의 어느 부분을 때려도 마찬가지 비율로—예컨대 10회에 한 번이라는 비율로—배트에 공이 맞는 것은 아닙니다. 안개의 어떤 부분에서는 공에 맞는 가능성이 크고 다른 부분에서는 작은 것처럼, 퍼진 안개의 특정 부분을 때리는 것이 가장 효과적입니다. 바꿔 말하면 안개에는 진하고 옅은 것이 있는 것입니다."

"알았다고 해 둡시다. 아무튼 안개처럼 꽉 퍼진 것의 중심부에 가면 갈수록 거기에 공이 존재하는 가능성이 크다는 것이군요. 그래서 항상 안개의 중심부를 겨냥하도록 타격연습을 한다……."

"아니, 반드시 그렇다고는 할 수 없습니다. 컨트롤이 없는 투수라면 확실히 그럴지도 모릅니다. 공이 퍼져서 와도 중심을 겨냥하기만 하면 3할이나 4할은 꼭 맞겠지요. 그러나 대 리그 공 1호에서도 알 수 있는 것처럼 호시는 절묘한 컨트롤을 가지고 있습니다. 이러한 투수의 손에서 떠난 마구는—그것이 기묘한 안개 모양이 돼서 홈 플레이트 위에 왔을 때, 가장 큰 가능성으로 공이 존재하는 부분은 인 하이이거나 아웃 로이거나 합니다. 그래서 반드시 한복판을 겨냥하는 것이 좋다고는 할 수 없습니다."

"그렇다면 점점 치기가 어려워집니다."

"아니, 하나가타 정도의 타자라면 호시가 던지는 양자공의 가장 안개가 짙은 부분을 호시의 심리 또는 투구동작으로부터 간파할지도 모릅니다. 그 부분을 마음껏 스윙하면 타자의 승리가 됩니다. 즉 대 리그 공 1호로 호시가 타자의 동작을 예측한 것과 마찬가지로 이번에는 타자가 투수의 심리를 간파하는 것입니다."

"그러면 호시의 컨트롤이 오히려 원수가 돼버리겠군요."

"그렇습니다. 투수는 인간이다, 호시 히유마라는 의식을 가진 인간이라는 것 때문에 오히려 기회를 잘 이용할 수 있는 틈새가 있는 것입니다."

타자 완봉의 방법

"그렇군요, 말씀을 듣고 나니까 1970년도의 호시 대 하나가타의 일대일 승부가 더욱더 재미있게 느껴집니다. 그러나 호시 투수도 애써 사라지는 공을 짜낸 것이지만 그 이상으로 끝까지 노력하는 타자에게 걸리면 이 비책도 별로 도움이 안 되는 것이겠군요."

"아니, 그렇다고만은 말할 수 없습니다."

"네? 그러면 투수 쪽에 그것 이상의 방법이라도 있다는 것입니까?"

"양자공의 이른바 양자효과라는 것이 얼마나 큰 것인가……, 사실은 나로서도 상세히 모르지만 만일 그 효과가 충분히 크다고 하면 타자 완봉의 방법이 없는 것은 아닙니다."

"어떻게 하면 됩니까?"

"그렇지만 거기까지 지껄여서는 너무나도 지나치게 마구가 강해져서 거인의 독주가 되는 것이 아닙니까. 나는 하나가타에게도 사몽에게도 크게 활동해 줄 것을 바라고 있습니다."

"맞아요, 말씀 그대로입니다. 저 컴퓨터 교수님. 저에게만 살짝 가르쳐 주실 수 없습니까?"

"모처럼 그렇게 말씀하신다면 목소리를 낮추고 살짝 설명하겠습니다."

"네, 나는 누구에게도 말하지 않겠습니다."

"지금까지 공, 공이라고 불러 왔습니다만 양자공이란 한츄타 포수와 같은 큰 물체에 부딪혔을 때 비로소 공으로서의 모습을 보여주는 것으로, 타자

부근에서는 오히려 파동처럼 생각하는 편이 이해하기 쉬울 것 같습니다."

"네, 홈 플레이트 위에서는 파동으로서 통과하는 셈이군요."

"그런데 파동이라는 것은, 예컨대 물속에 지름 10센티미터의 말뚝을 세웁니다. 이 말뚝에 파장 1미터의 파도가 부딪히면, 파도는 말뚝에 상관없이 그 후방으로 계속 전진합니다. 대야 안에 마찬가지로 지름 10센티미터의 말뚝을 세우고 이것에 파장 1센티미터 정도의 극히 작은 파동을 일으켜 주면 파동은 말뚝에서 되튕겨져 말뚝의 후방은 조용합니다. 즉 같은 장애물이라도 파장이 짧은 파동은 되튕기지만 긴 파도는 장애물이라는 의식이 없이 계속 그것을 넘어서 진행합니다. 라디오파도 텔레비전파도 전파임에는 틀림없지만 텔레비전이 훨씬 파장이 짧습니다. 그래서 텔레비전파가 지형지물에 방해를 받기가 더 쉽습니다. 산속에서 라디오는 들리지만 텔레비전은 잘 나오지 않는 장소가 있는 것은 이런 이유 때문입니다."

투명이란 무엇인가

"그러면 배트에서는 되튕기지 않는 파동……."

"그렇습니다. 예컨대 공기 중에는 1만분의 수 밀리미터 정도의 미립자가 많습니다. 이들 입자는 파장이 1만분의 4밀리미터 정도의 푸른빛은 되튕기지만, 1만분의 7밀리미터 정도의 붉은빛은 그대로 통과시킵니다. 이것이 푸른 하늘의 푸르름, 저녁놀의 검붉은색의 원인입니다. 우리는 투명

물질이란 빛을 통과시키는 것을 말한다고 하는 고정관념에 묶여 있으나, 같은 물질이라도 파장에 따라 투명으로도 불투명으로도 되는 것입니다. 그러니까 파장이 긴 파동을 타자에게 보내면 아무리 배트를 스윙해도 파동은 그냥 지나가 버립니다."

"파장이 긴 파동은 어떻게 해서 던지면 되는 것입니까?"

"슬로 볼(slow ball)입니다. 공의 속도와 질량을 곱한 것을 운동량이라고 말하는데, 운동량이 작을수록 이것을 파동이라 간주한 경우의 파장은 길어집니다."

"그러면 초 슬로 볼을 던져서 배트를 투명화해 버리면 되는 것이군요."

"배트의 투명화라니, 정말 멋진 표현입니다. 틀림없이 그렇습니다. 배트가 공에 대해서 투명해서는 아무리 강타자라도 어찌할 수가 없는 것입니다. 그것을 막기 위해서는 배트를 굵게 하지 않으면 안 되겠지요. 그런데 배트의 굵기는 규칙으로 규정되어 있습니다. 한편 투구는 투수의 실력 나름으로 상당히 파장을 길게 할 수 있습니다."

"이렇게 생각해 보면 양자공에 대해서는 투수가 유리한 것 같습니다. 이것으로는 핸디캡이 지나치게 붙어서 시합이 재미없어지므로 양자공의 이론은 여기서만의 이야기로 해 둡시다."

이리하여 컴퓨터 교수와 신문 기자의 회견은 끝났다.

훗날 모 스포츠 신문에 컴퓨터 교수의 소개문이 실려 있었으나 대 리그 공에 대해서는 한마디도 언급되어 있지 않았다.

1장

라플라스의 악마

명인전

장기판을 사이에 두고 두 사람의 장로가 대치하고 있다. 선수(先手)인 A 노인도 후수(後手)인 B 옹도 이 분야에 관해서는 발군의 기량 소유자다. 두 사람 모두 통찰력의 깊이에서는 신기(神技)에 가까운 묘를 갖고 있다.

방은 그대로 한적한 마당에 면하여 도시의 떠들썩함으로부터는 이미 수십 리 떨어져 있는 느낌이 든다.

"그러면 부탁합니다."

입회인의 목소리가 조용히 흐른다. 기록계가 시계의 단추를 누른다. A 노인은 잠시 말없이 마음속으로 생각한다. 5분, 10분…… 마침내 그 오른손이 움직이고 제1수를 전진한다.

이 제1수가 7육(六)졸(일본 장기의)인지 2육(六)졸인지, 또는 더 별개의 수인지는 자세하지 않지만, 이 순간 후수인 B 노인의 이마에 깊은 주름이 진 것 같다. B 노인은 그대로 선수의 제1수를 응시하고 움직이지 않는다. 10분, 20분……, B 노인의 미간의 주름은 그대로 고민의 형상으로 바뀌어 간다.

헛기침조차 없는 침묵의 시간이 수십 분 지난다. 별안간 B 노인이 움직인다. 사람들이 말을 어떻게 둘까 하고 지켜보는 가운데 노인은 조용히 방석에서 내려와 깊숙이 고개를 숙이고 말한다.

"수가 없습니다."

즉 B 노인은 던진 것이다.

물론 이것은 꾸며낸 이야기이고 어떠한 대명인이라도 자기가 한 수도 두기 전에 스스로의 패배를 읽어내는 것은 불가능하다. 하지만 이 이야기도 이치, 이치로 추측해 가서 생각한 경우 반드시 넌센스라고만은 단언할 수 없을 것이다. A 노인이나 B 노인 대신에 현재 사용되고 있는 컴퓨터의 몇만 배, 몇억 배 또는 그것보다 훨씬 큰 것을 생각한다. 그리고 두 개의 컴퓨터에 장기의 규칙과 온갖 경우의 정석을 정확히 기억시킨다. 만일 최초부터 최후까지 이 두 개의 컴퓨터에 승부를 겨루도록 하면 최선의 최초의 한 수로 승패는 결정되는 것이 아닐까. 그보다는, 한 수도 두기 전부터 이미 승부는 결정되어 있다.

바둑 두는 기사에게 실업자 없다

장기든 바둑이든 반드시 최선의 응수라는 것이 존재하는 것은 틀림없다. 자기가 최선의 수를 두고 상대방이 다소라도 응수를 잘못하면 승리는 자기의 것이 된다. 다만 응수의 수가 너무나 많기 때문에—적어도 중반전까지—수많은 두는 법 중 어느 것이 가장 적절한 것인가는 명인이라 해도 완벽하게 판단할 수는 없다. 그러니까 게임이 성립하는 것이다.

두는 법의 수는 얼마만큼이나 될까. 예컨대 바둑의 경우 가령 361개의 바둑판의 눈을 흑과 백의 돌로 전부 메워 버린다고 생각하고 온갖 경우를 모두 계산해 보면 361×360×359×…×2×1이라는 장황한 곱셈이 된다.

결과는 100⋯00의 식으로 1의 다음에 0이 800개 이상이나 늘어선다.

실제의 게임에서는 200수 정도에서 끝나는 일이 많고 또 같은 눈에 몇 번이나 돌을 놓는 패도 생각할 수 있으므로 조금 더 실전적으로 계산해 보자.

경기자가 실제로 바둑돌을 두려고 할 때 적당하다고 생각되는 장소는 평균해서 5개소 정도가 아닐까. 당사자는 경기 중에는 2개소나 3개소에 대해서도 결단을 내리지 못한다는 느낌도 들지만 조금 더 대국적으로 바라보아 일단 5개소로 본 것이다. 그렇게 하면 200수로 끝나는 게임의 수는 5,200가지, 즉 5를 200회 서로 곱한 만큼 존재하게 된다. 10⋯00처럼 적어보면 1의 다음에 0이 대략 140개 정도 늘어선다.

가령 철이 들어서부터 나이를 먹어 죽을 때까지 오로지 바둑을 계속 두었다 하자. 그래도 생애에 걸친 전체 시합 수는 위의 수에 비하면 구우일모(九牛一毛)라고도 할 수 없을 만큼의 미미한 것이다. 그건 고사하고 바둑이 수입되고 나서부터 오늘날까지 시행된 온갖 공식 대전, 비공식 대전을 헤아려도 도저히 이 수에는 미치지 못한다. 요컨대 프로기사가 실업자가 되는 일은 결코 없다는 것이다.

모른다는 것

게임에 대한 것을 언급해 왔는데 요는 모른다라는 사항을 확실히 해 두고 싶었기 때문이다. 비슷한 기력(棋力)의 소유자가 시합을 한다면 어느 쪽이 이길지 모른다. 게임 도중에 어떤 수가 가장 좋은지 판단할 수 없다. 종반전에서 다소 수읽기를 깊게 하면 승리가 보이는데도 그만 못 보고 넘겨 버리는 일도 있다.

아무튼 이러한 의미에서의 모른다라는 것은 사안이 너무나도 지나치게 다양하기 때문에 한 인간의 두뇌로는 전부의 경우를 모두 읽어 낼 수 없다는 것이다. 이러한 것은 반대로 대형 컴퓨터를 사용하든가 몇만 명, 몇억 명을 동원해서 각각 분담하여 문제 처리에 대처하면 사안은 확실히 판명된다는 성질의 것이다.

그러면 같은 게임이라도 카드(트럼프)나 마작의 경우는 어떠할까. 경기자는 다음에 카드가 분배되는 (또는 마작을 땡겨 오는) 것이 '하트의 3'인지, '오만(五万)'인지 전혀 모른다. 따라서 방책으로서는 확률적으로밖에는 낼 수 없다. 바꿔 말하면 자기가 알고 있는 범위에서(예컨대 자기가 들고 있는 카드와 바닥에 노출된 카드에 관해서) 최선책을 취해도 승부에 지는 일은 있다. 이러할 때 우리는 '운'이 없었다고 말한다.

그러나 다음에 분배되는 카드가 어떠한 것인지 모른다……라는 것은 어디까지나 당사자가 모르는 것이고 예컨대 제3자가 살그머니 뒤로 돌아가 엿보면 그 사람에 대해서는 판명되어 있는 사실이 된다. 카드를 섞을(칠) 때 약간의 실력 발휘로 다이아몬드의 6은 몇 장째에 들어가 있고, 마작 패를 뒤섞을 때 누군가의 손가락 끝의 능력으로 홍중(紅中, 붉은색으로 '가운데 중'자가 적혀 있는 마작 패의 일종)은 어떤 장소에 묻힌다. 뒤집힌 패를 모두 암기하고 게다가 어느 패를 어디에 쌓아 넣었는가를 외우는 것은 장기의 온갖 경우를 기억해 두는 것과 마찬가지로 인간의 기예(技藝)로는 무리다. 하기는 마작에서는 어느 정도의 매수의 패를 기억하고 자기가 생각하는 장소에 배열해 두는 사람도 간혹 있는 것 같다. 세간에서는 이것을 야바위꾼이라 부르고 있다.

수읽기만 충분하면 이론적으로는 당사자도 알 수 있는 게임(바둑이나 장기)도 있는가 하면 규칙으로서 경기자에게는 알리지 않는 것(트럼프나 마작)도 있으나 제3자에게는 모든 것이 판명되어 있는 것이다.

예언의 신

제3자라는 말이 나왔는데 바둑에서 대국자보다 곁에서 보는 사람이 여덟 수 앞을 내다볼 수 있다는 말이 전해지고 있다. 이것은 곁에서 보는 제3자가 오히려 사물의 시비·득실을 더 잘 알 수 있다는 뜻으로 제3자의 이점을 말하는 것이 될 것이다.

동네 장기에서 훈수를 두었기 때문에 주먹다짐을 하는 사태까지 벌어지는 일이 있다. 이것은 당연히 제3자이어야 할 사람이 그만 그 입장을 깜박 잊어버렸기 때문인데 제3자란 원래 그러한, 즉 당사자끼리 아무런 관계도 갖지 않는 존재가 아니면 안 된다. 더 엄밀히 말하면 그 사람이 있었기 때문에 한쪽의 대국자가 시원한 바람을 쐴 수 없게 되고 마침 그것이 형세가 불리한 쪽이었기 때문에 바로 그 순간 안절부절하기 시작했다고 하는

최초의 한 수로 승부 있다

일이 있어서는 난처하다.

말하자면 바람이나 투명인간 비슷한 존재가 참된 제3자다. 지금 여기에 매우 통찰력이 깊고 정확하며 게다가 광범위하게 사물을 볼 수 있는 제3자가 있었다고 하자. 보통 인간의 몇억 배, 몇조 배나 되는 능력을 가진 슈퍼맨이다.

그의 능력은 게임뿐만 아니라 온갖 분야에서 발휘된다. 예컨대 그가 일본의 모든 도로의 교통상태를 보았다고 하자. 도카이도의 후지자와에서 요코하마에 걸쳐서 붐비고 있음을 발견한다. 1시간 후에는 도쿄의 세다가야, 타마가와 부근, 고단다, 시나가와에서 정체 현상이 일어나는 것을 예측한다. 하기는 그 정도의 예측이라면 우리에게도 가능하지만 이 제3자는 좁은 샛길의 교통상태도 내다보고 있고 거듭 이제부터 자동차로 어디 어디로 몰고 가자고 생각하고 있는 사람까지 알 수 있다고 하자. 여기서 생각한 제3자는 그 정도의 초인인 것이다. 따라서 그에게는 1시간 후, 2시간 후, 거듭 내일, 모레의 교통정보까지 예고할 수 있다.

이 제3자가 더욱더 초인다운 모습을 발휘하면 내일의 일기, 모레의 기온, 1개월 후의 기상 상황을 예언하는 것은 식은 죽 먹기가 된다. 장래의 광공업의 신장, 인플레 증가의 정도, 국민소득…… 그것도 단순한 평균값이 아니고 어디의 아무개는 어느 정도라고 할 정도로 개인 개인에 대해서 예측할 수 있다.

이 논법을 무제한으로 펼쳐 가면 그에게는 예를 들어 A군의 운명도 B양의 생애도 내다보이는 것이 되어 버린다.

어떠한 원인에 대해서도 귀결되는 결론이라는 것이 단지 한 가지로 결정되어 있으면, 이 만능의 제3자로서는 장래의 온갖 현상을 정확히 예언할 수 있는 것이다.

현재의 상태가 아무리 복잡다양해도 그로서는 미래를 간파하는 것은 지극히 간단한 작업이다. 원인과 결과의 관계가 아무리 뒤엉켜 까다로운 법칙으로 되어 있다 해도 그에게는 그 모든 경우를 판독하는 능력이 갖추어져 있는 것이다.

인간 역시 물질이 아닌가?

이야기가 갑자기 방향 전환되는 것 같지만 이번에는 물리학의 입장에서 세상의 온갖 현상을 생각해 보기로 하자. 물질을 잘게 분석해 가면 마침내는 분자가 되고 거듭 분자는 원자가 된다. 원자는 겨우 92종류, 인공적인 원소(예컨대 93번째의 넵투늄 등)를 고려하거나 동위원소를 별개의 것으로 계산하면 종류는 더 증가하지만 아무튼 이들의 성질은 화학적인 지식으로 충분히 해명되어 있다.

자연현상은 물론 식물, 동물, 거듭 인간이라 할지라도 물질이라는 것에는 변함이 없다. 그렇다면 인간의 신체도 뇌도 화학에서 배우는 원자로 구성되어 있는 셈이고 인간의 두뇌만이 특별한 원자—즉 화학 교실 등에 내붙인 멘델레예프의 주기율표에 실려 있지 않은 미발견의 원자로 구성된—

라고는 생각할 수 없다.

또한 영혼이라는 것이 인간 이외의 어딘가에 원래 있었고 우리의 탄생과 동시에 날아와서 뇌에 둥지를 틀었다고 하는 사고방식도 여러모로 생각해 보면 역시 이상하다. 생물이 나타나기 이전에는 무엇에 머무르고 있었는가라는 의문이 생기기 때문이다. 공간이나 돌이나 바다나 산에 영혼이 머무른다고 생각하는 것은 애니미즘(animism)의 옛날 시대만으로 족할 것이다. '다른 천체(天體)로부터'라는 것도 공상으로밖에는 허용되지 않는다.

그렇다면 인간을 포함해서 자연현상이라는 것은 모두—비가 내리는 것도, 바람이 부는 것도, 쇠가 녹스는 것도, 연못의 물이 어는 것도, 태양이 동쪽에서 뜨는 것도, 일식이 일어나는 것도, 결국은 원자가 서로 합세하여 일으키고 있는 현상이 아닌가라고 생각해도 되는 것은 아닐까.

이른바 인간으로서의 활동—기억, 의지, 욕망 같은 것도 결국은 분자의 형태, 원자의 많고 적음, 전자의 유리 상태(즉 이온) 또는 그 이동(이온에 의한 미약한 전류) 등으로 대부분 설명할 수 있는 것이 될 것이다.

그러나 그렇다고 해서 필경 인간이란…… 등이라고 말할 생각은 없다.

예컨대 이 책에 인쇄된 문자 하나하나는 종이에 배어든 잉크라는 물질에 불과하다. 그러나 이 문자를 몇 갠가 이어 쓴 것은 확실히 의미와 사상을 나타내고 있다. 문자는 오로지 그러한 눈에 보이지 않는 의미나 사상을 나타내기 위해 있는 셈이다.

인간의 의식, 정신, 사상 등도 물질적인 기반을 갖는 것이기는 하지만 환상은 아니다. 결과의 옳고 그름은 별개로 하고 자기는 다름 아닌 자기라는 자각, 인간이라는 통일적 인식하에 저차원의 의식에서 고차원의 인식으로, 원시적 사고에서 고상한 사상으로 관념적인 소재를 사용해서 추상적인 구축이 행해져 나간다. 한편 물질로서의 개개의 뇌세포에 일어나는 일이라 하면 단순한 복잡화 이외의 아무것도 아니다(아닐 것이라 생각한다). 무수한 하등생물이 쫙 떼를 짓고 꿈틀거리고 있는 모습은 어쩐지 기분 나쁜데 정신이라는 무형의 통어자(統御者)를 잃은 뇌세포도 또한 그러한 모습일 것이라고 생각된다. 인간이 물질로부터 만들어져 있는 것은 확실하지만 물질 그 자체는 결코 아니라는 것이다.

당구대 위의 당구공의 행동

자연계의 현상이란 원자가, 나아가서는 이온과 전자가, 때로는 양성자나 중성자가 서로 뒤얽히고 흐트러져 야기된 결과를 말한다.

여기에 당구대가 있다. 어느 시각에 하나의 당구공이 당구대 위를 달리고 있다고 하자. 공과 대 사이의 마찰은 전혀 없고 공기의 저항도 전혀 고려하지 않아도 되는 것으로 가정해 본다.

당구공은 당구대의 가장자리에 충돌하지만 거기서 완전 반사하는 것으로 생각한다(즉 반사해도 기세가 조금도 줄지 않는다). 〈그림 2〉에 나타낸 것처럼 입사각과 반사각은 같고 속도는 바뀌지 않는다. 공은 언제까지나 움직인다.

몇 회인가 당구대 안을 돌고 비로소 같은 코스를 타는 일도 있겠으나

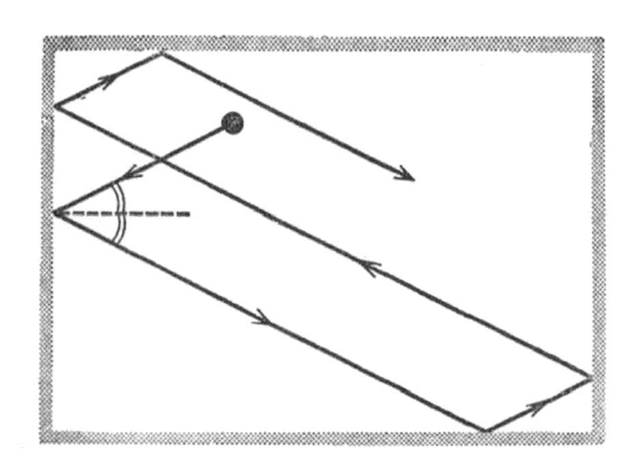

그림 2 | 당구 칠 때의 공의 운동

되튕기고 되튕기고 있는 동안에 공은 당구대의 여기저기 빠짐없이 핥듯이 지나다니게 될지도 모른다. 아무튼 우리는 그 후의 공의 운동을 정확히 예언할 수 있다. 몇 년 후이건, 몇억 년 후이건 적당한 수단을 이용하면 공의 위치와 움직임은 예측 가능하다.

이 경우 장래를 완전히 내다볼 수 있기 위해서는 무엇과 무엇을 알고 있으면 되는지 지금 한번 생각해 보면 결국 다음의 두 가지 조건으로 압축된다.

① 당구대의 가장자리에 맞았을 때는 규칙성 있게 되튕기고 그 이외일 때는 공에 조금도 힘이 작용하지 않는다……라는 것이 분명해져 있을 것.

이것을 일반적으로 말하면 문제의 공이 다른 물체와 서로 상관할 때(물리학에서는 서로 상관하는 것을 상호작용이라 한다) 그 구조를 완전히 알고 있다는 것이다.

② 어느 시각—예컨대 '현재'라는 일순간—에서의 공의 위치와 속도(빠르기뿐 아니고 달리고 있는 방향도 포함해서)가 판명되어 있을 것.

이상의 두 가지 조건이 명확히 되어 있으면 우리는 공에 대해서 그 장래의 예언자가 될 수 있을 것이다.

당구공의 수가 많으면……

그러면 당구대 위를 2개의 공이 움직이고 있다면 어떻게 될까. 이때도 ①과 ②의 조건은 알고 있다고 한다.

이번에는 공과 공의 충돌도 생각하지 않으면 안 되지만 이상적인 상태를 생각해서 이야기를 진행하는 것은 쉽다. 3장에서 상세히 언급하겠지만 양쪽 공의 운동량(속도 곱하기 무게)을 합친 것은 충돌 전후에 변화가 없고 되튕김의 계수를 1이라고 하는 것이다. 알기 쉽게 말하면 정면충돌을 한다면 그대로 원래의 길로 돌아가도록 튕기고, 비낌충돌을 하면 역학의 법칙에 따라서 그림처럼 굽어 간다. 충돌 후의 진로나 속도는 충돌 전 두 공의 상황으로부터 정확히 계산하는 것이 가능하다. 거듭 어느 시각에 있어서의 두 공의 위치와 속도는 판명되어 있다.

오랜 시간 동안에는 두 개의 공은 몇 번이나 몇 번이나 충돌할 것이다. 그러나 몇억 년 후의 상태라도 컴퓨터에 명령하기만 하면…… 아마 답은

얻어지겠지만 엄청나니까 해 보지 않을 뿐이다.

공의 수가 3개라도 또는 4개나 5개라도 사정은 마찬가지다. 3중충돌에서도 4중충돌에서도 충돌의 법칙은 정해져 있으므로 그 후의 행동은 명백하다.

1만 개, 1억 개, ……의 공이 있어도 모든 공의 현재의 위치와 속도를 알고 있으면—그러한 일은 사실상 불가능하지만—이치만으로 생각해 보면 그것들이 장래 어떻게 되는가는 확정되어 있는 것이라고 말해도 된다.

즉 강조하려는 것은 '현재'라는 시점에서 이미 '장래'가 결정되어 있다는 것이다. 당구대 위를 움직이고 있는 많은 공에 손을 대는 것과 같은 쓸데없는 일을 하지 않는다면 A라는 공은 235일 후에는 당구대의 어느 부근을 어떤 속도로 달리고 있는지 현시점에서 확실히 예언할 수 있는 것이다.

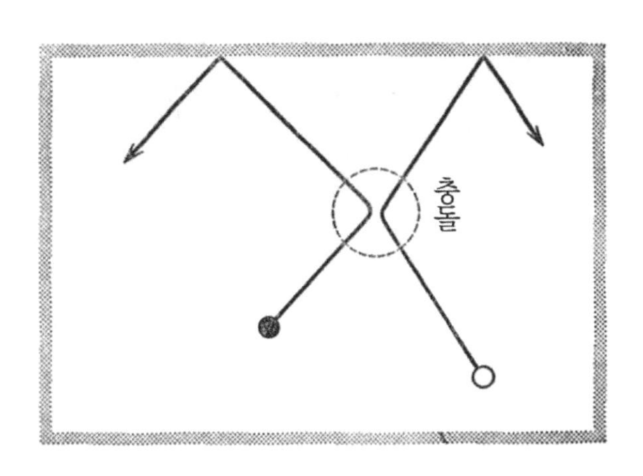

그림 3 | 충돌해도 행방은 정해져 있다

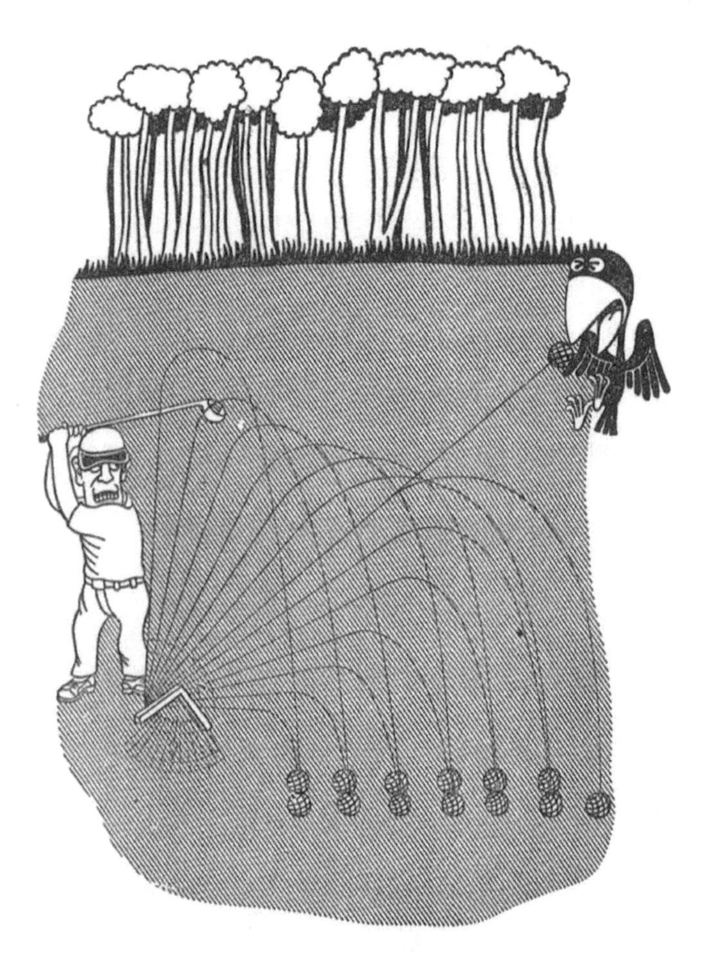

현재에 있어서 장래는 확정

그리고 이 예언은 절대로 어긋나는 일이 없다.

당구대는 대자연의 축도

승부를 시작할 때—또는 전투하는 도중이라도 상관없으나—장기판의 말의 위치는 알고 있다. 그리고 각 말의 움직임은 규칙에 따라 지정되어 있다. 이때 만능의 제3자가 있다면 승부(비김수도 포함하여)는 일목요연하다. 마찬가지로 당구대의 공은 아무리 그 수가 많아도 현시점에서의 위치나 속도가 판명되어 있으면 장래의 상태도 확정되어 버린다.

자연계를 형성하는 것은 원자—거듭 자세히 말하면 소립자—이다. 그렇다면 자연현상도 장기나 당구공과 마찬가지로 생각할 수 없는 것인가가 된다.

당구대에 상당하는 것은—약간 이야기가 비약하는 것 같지만—우주다. 그리고 당구공은 우주 속에 있는 원자 또는 전자, 광자, 핵자(核子: 양성자와 중성자를 통합하여 핵자라 한다) 등이다.

자연계란 결국은 막대한 수의 소립자가 상호작용하고 있는 무대를 말한다. 다만 소립자 간에 작용하는 힘은 당구처럼 간단한 탄성충돌만은 아니다. 핵자는 서로가 매우 강한 힘으로〔힘의 세기를 보통은 에너지로 나타내고, 핵자 간의 위치에너지를 유카와(湯川) 퍼텐셜이라 한다〕 결합하고 있다. 또 전기를 띤 것은 충돌하지 않아도 접근하는 것만으로 인력이나 반발력을 서로 미치게 한다(이것을 쿨롱 힘이라 한다).

또 기체상태의 산소분자 O_2와 2개의 수소분자 H_2가 3중충돌할 경우 충돌하는 기세(부딪히는 속도)가 작으면 되튕겨 버리지만(탄성충돌), 세차게 부딪히면 원자를 교환하여 2개의 수증기 분자(H_2O)를 만들어 이것이 맹렬한 스피드로 달리기 시작한다. 그러나 탄성충돌을 하는가. 그렇지 않으면 화학반응을 하는가는 충돌 전의 3개의 분자 속도로 미리 정해져 있는 것이다. 어쨌든 어느 쪽이 되는가는 확정되어 있는 사항이다.

앞에서 든 조건 ①의 상호작용의 메커니즘은 매우 복잡하지만—기계론의 입장에서 말하면—알고 있다. 그리고 현시점에서의 각 입자의 상태(앞에서 든 조건 ②)도 그것을 아는 것은 현실의 문제로서는 도저히 불가능한 이야깃거리이지만 아무튼 알고 있다고 한다. 그렇게 하면 결론은 어떻게 되는가?

게임의 경우의 만능의 제3자처럼 세상의 온갖 현상은 먼 앞날까지 간파되고 있다는 것이 된다. 왜냐하면 공기도, 지면도, 달도, 해도 그리고 인간의 신체까지도 모든 것은 원자…… 거듭 소립자의 집합이다. 그리고 이 입자의 상호작용 메커니즘은 이미 알고 있는 것이기 때문이다.

우주와 물질

당구대의 공은 마찰로 느려지지만 진공 속을 달리는 입자는 같은 속도로 직진한다. 당구대 위의 공은 손으로 멈추게 할 수 있는데 자연계에서는 인간도 결국은 당구대 위의 공이고 입자 간의 물리법칙에 따라 움직인다.

당구대에는 가장자리가 있으나 우주 공간의 가장자리에 가면 잘 되튕기는가 하고 의문을 가질지도 모른다. 유감스럽게도 현재로서는 우주의 가장자리라는 것은 어떻게 되어 있는지 정설이 없다(하기는 너무 먼 곳의 일이라 우리의 이야기와는 직접 관계가 없지만).

하나의 모형으로서 우주는 닫혀 있다는 사고방식이 있다. 만일 그대로라고 한다면 우측의 가장자리에 부딪힌 공은 좌측으로부터 나온다고 생각하면 된다. 맞은편에 충돌하면 이쪽으로부터 다시 나타나는 것이다. 평면인 당구대가 아니고 곡면을 가정하여 그 위를 공이 돌아다니고 있다고 하면 어느 정도 납득할 수 있을 것이다(좌와 우가 연결되어 있고 이쪽과 저쪽이 연락되고 있으면……. 정확히는 도넛면이라 하지 않으면 안 되지만).

우주의 끝이라는 것은 현재의 과학을 가지고도 수수께끼다. 그러나 우리 눈에 보이지 않는 저편에 신이라도 있어서 거기까지 날아간 입자는 신의 의사에 따라 그 신이 마음먹은 대로의 속도로 되돌아온다는 식의 이야기는 조금도 믿을 수가 없다. 우주가 닫혀 있든 열려 있든 역시 이 세상의 입자는 틀림없이 물리법칙에 따라 상호작용을 하고 있다고 생각하지 않으면 안 될 것이다.

원자나 이것을 더 분할한 소립자는 너무나도 수가 많다. 눈앞의 공간에 두 손을 펼치면 그 안에 대략 10^{22}개 정도의 공기분자(정확히는 질소분자나 산소분자)가 존재하고 있다. 이 개수는 지구상에 사는 인간의 수만큼 별을 모아 그 별에 지구와 마찬가지로 인간을 살게 했을 때 전체 인구의 대충

1,000배 정도에 해당한다. 그만큼의 분자가 공간의 한 줌 안에서 떠다니고 있는 것이다.

하물며 전체 우주의 원자 수 등을 논한다는 것은 그저 정신이 아찔해질 뿐이다. 그러나 아무리 정신이 아찔해져도 그것들이 물리법칙에 확실히 따르는 것이라면 장래의 행동은 확정적이다. 인간으로서는 지나치게 복잡하여 어찌할 수 없다는 것뿐이고, '어찌할 수 없다'라는 것은 장래가 결정되어 있다는 것을 부정하는 이유가 되지는 않는다.

가령 우주의 전체 입자의 당장의 행동을 알고 있는 동물이 있었다면(앞에서 언급한 만능의 제3자와 같은), 그에게는 가까운 장래도 먼 미래도 내다보일 것이다.

19세기 초기에 이러한 가공(架空)의 생물의 존재가 생각하고 있었다. 온갖 것의 장래를 정확하게 예언하는 그 동물의 이름을 '라플라스의 악마'라고 한다.

라플라스의 악마

피에르 시몽 라플라스(1749~1827)는 노르망디의 가난하고 쓸쓸한 마을에서 태어났고 18세 때 그 당시 한창 수학계를 주름잡던 수학자 달랑베르를 연줄로 파리로 진출했다.

어렸을 적부터 수학자의 천성을 나타냈고 파리에서도 금세 두각을 나타낸 라플라스는 왕립 포병대의 교관을 시작으로 여러 가지 관직에도 몸담았다. 에콜 노르말이나 에콜 폴리테크닉의 설립에도 한 몫을 맡을 정도가 되었다. 유명한 라그랑주와도 친교를 맺고 에콜 노르말에서는 함께 교단에 섰다고 한다.

때는 마침 나폴레옹의 시대, 세계 최강의 프랑스 육군 육성과 더불어 라플라스의 사회적 지위도 순풍에 돛단 듯이 올라가 나폴레옹 황제의 내무부 장관까지 지냈다.

다만 이것에는 나폴레옹의 과대평가가 있었던 것 같고 라플라스 장관은 불과 6주일 만에 파면되었다는 이야기는 유명하다. 그러나 나폴레옹은 어떻게 해서든지 잘 대우하려고 그 후에도 여러 가지 관직을 주었다고 한다.

1814년 마침내 나폴레옹의 실추(失墜)의 날이 다가오는데, 그때 의회에서 라플라스가 던진 한 표는 옛날 한때 영웅이었던 이의 추방에 대한 찬성표였다고 하니 너무 가혹한 것이 아니었는지. 지금으로서는 그 마음속을 헤아리기 어렵지만 찬성표를 던진 것은 극심한 빈곤으로부터 쌓아 올린 자신의 명사로서의 생활을 차마 버릴 수 없었기 때문이라고 생각된다[라플라스는 자신의 전신(前身)을 밝히는 것을 아주 싫어했다고 한다]. 나폴레옹의 몰락 후에도 교묘한 정치적 수완으로 루이 왕조에 봉사하여 후작이 되고 사회적 지위는 태평무사했다고 한다.

수학자 중에는 수학만으로 살아나가 세상의 속된 일에는 완전히 무관심하다는 사람이 많지만—예컨대 그의 만년 무렵에 나온 프랑스의 수학자 갈루아(1811~1832)는 하찮은 사나이와 결투를 해서 21세의 나이로 목숨을 잃었고, 같은 시대의 노르웨이의 수학자 아벨(1802~1829)도 불과 27세에 죽었다—그의 생애는 요절한 한창 나이의 젊은이와 비교해서 매우 대조적이다.

정치가로서의 라플라스는 더러는 속물이라는 비난을 면치 못할지도 모르나 수학상의 연구로서 미적분이나 측지학 이외에 '라플라스의 연산자(演算子)', '라플라스 변환' 등 그의 이름을 붙여서 부르고 있는 법칙이나 정리는 많다.

다만 그의 연구의 최종 목적은 천체의 운행 등 우주를 지향하고 있었던 것 같다.

"수학이란 물리학을 풀기 위한 도구다."라는 시종일관된 태도를 보였다고 한다. 하늘을 올려다보고 천체의 복잡한 운행을 분석한 뒤 이것에 뉴턴이 완성한 역학의 법칙을 적용하면 천체의 궤도는 틀림없이 계산대로 되어 있는 것이다(이러한 것은 후에 일반상대론에 의하여 부득이하게 다소 수정이 되었지만).

거듭 수많은 별의 장래 위치도 현재의 상태로부터 틀림없이 예측할 수 있는 것인데 실제로 망원경으로 관측하고 있으면 이 예측에 딱 맞아떨어지고 있고 약간의 차질도 없다.

'세상만사 헤아리지 못하는 것은 없다.' 이는 오랫동안 천체를 계속해서 관측한 그의 신념이 되어가는 것이다. 천문학처럼 뉴턴역학이 정확히 적용 가능한 연구에 종사한 사람으로서는 당연한 사상일지도 모른다. 천체의 현재 위치 및 속도는 알고 있다. 별과 별 사이의 인력은 양쪽의 질량을 서로 곱한 것에 비례하고 거리의 제곱에 반비례한다. 100년 후, 1,000년 후의 별의 위치는 지금부터 알고 있다…. 별뿐만 아니라 삼라만상 모두가 같은 사고로 통일되어 마땅하다는 것이 그의 결론이고 이 결론으로부터 태어난 상상의 추상생물이 '라플라스의 악마'이다. 이것은 그의 저서 『확률에 관한 철학적 고찰』에 등장하고 있다.

확고한 인과율

라플라스의 악마는 이 우주에 정말 존재하는 것일까? 앞장의 신문 기자의 감상은 아니지만 이치로 봤을 때는 아무리 생각해도 존재한다고 생각하는 편이 타당한 것 같다.

만일 그렇다면 우리는 전력을 다하여 현재의 자연계의 상태를 조사해 가능한 한도로 노력을 해서 물리법칙을 연구해 감으로써 얼마든지 장래를 예언하는 것이 가능해진다.

지각의 변형으로부터 지진을 미리 알고 태양에서의 핵융합의 상황을 만일 완전히 안다면 흑점의 출현이나 자기 폭풍 등도 설명되어, 지구 주위의 대기 상태 등과 대조하여 내일의 날씨, 그해 태풍의 발생 횟수 그리고 다음 해의 쌀이나 감자의 수확량까지 알 수 있다.

날씨나 기온과 같은 천연현상만은 아니다. 라플라스의 악마는 이 세상의 모든 사건을 예언한다. 농산물이나 어획량은 약간 자연현상에 가깝지만

10년 후 석유의 소비량, 철강 생산량, 교통의 혼잡도, 땅값 상승 등도 모두 원인으로부터(그 원인은 매우 복잡하게 뒤얽혀 있을 것이지만) 정확하게 추론할 수 있는 결과다. 인간의 빈약한 지혜나 경험으로는 어떻게 할 방도가 없지만 라플라스의 악마는 슈퍼맨이다. 인과관계가 명확하게 되어 있기만 하면 복잡성, 다양성 등은 그로서는 대단한 것이 못 된다.

앞을 내다보는 자는 강하다

"내일의 일을 알 수 있다면 도요토미 히데요시가 천하를 잡는 것보다 좋다"라고 상인은 말한다. 아마 상품 시세나 증권 시황을 대상으로 한 말일 것이다. 확실히 내일의 시세를 알고 있으면 사소한 자본으로부터 백억 원이나 천억 원을 버는 것은 아무것도 아닐 것이다[복리식이식(利殖)이 얼마나 굉장한 것인지는 계산해 보면 바로 알 수 있다]. 천억 원 또는 그 이상의 이익……. 확실히 도요토미 히데요시도 이러한 일은 할 수 없었음에 틀림없다. 복권에서도 경마에서도 이야기는 마찬가지다.

무력의 싸움이든, 경제력의 경쟁이든, 앞을 내다보고 있던 쪽이 승리를 하는 예는 매우 많다. 그 해의 기온에 따라 팥의 시세는 크게 영향을 받는다. 홋카이도 지방의 기온이 여름철에 낮았다면 팥 값은 폭등할 것이다. 사는 쪽은 승리, 파는 쪽은 패배한다. 1812년의 나폴레옹의 러시아 원정이나 제2차 세계대전의 독일군의 소련(현 러시아) 공세도 모두 실패로 끝나고 있는데, 일기 예보의 잘못이 공격군의 좌절 원인과 연관되어 있다. 히틀러는 1942년 겨울, 소련의 기온이 따뜻하다고 판단했고 소련군은 맹렬한 동장군의 도래를 예기하고 있었다. 결과는 소련군이 승리했다.

선견지명이 있는 자는 강하다. 앞을 알고 싶다, 하루라도 1시간이라도 좋으니까 장래를 내다보고 싶다. 이 강한 욕구는 21세기인 현재에도 점쟁이나 손금쟁이를 번창하게 만드는 결과를 낳았다.

인간의 신체에까지 인과율을 적용하면

인간의 신체(물론 뇌까지 포함)에까지 인과율을 적용하면 어떻게 될까.

예컨대 트럭 운전기사 A는 필연적으로 전날 밤늦게까지 일하고 오늘 아침에도 일찍 일어나 교차로에 막 당도한다. 이때 졸음운전 상태가 되어 있는 것도 처음부터 정해져 있던 일이다. 한편 자가용 차를 운전하는 B도 신체를 구성하는 원자나 이온의 활동에 따라 전날 밤은 철야로 마작을 한다. 다음날 자동차를 운전하려는 욕망도 인과율에 따른 일이고 교차로에 다다랐을 무렵에는 극도의 피로 상태라는 사실도 라플라스의 악마의 일정표에는 틀림없이 기입되어 있다. 이리하여 두 차는 세게 충돌한다. 충돌은 물론 역학의 법칙에 따라 행해지고 A는 중상, B는 사망한다는 것도 각본대로다. 이 장면을 목격한 아무개가 그날 저녁 식사 음식이 목에 넘어가지 않는다는 것도 사실은 악마로서는 벌써 알고 있는 일이다.

모두 악마의 일정표대로

누구도 자신의 죽음의 시기를 모르고 타인의 운명에 대해서도 예측할 수 없다. 경험이 풍부한 명의나 사형 집행관이라면 더러는 타인의 죽음의 시간을 미리 알고 있을지도 모르나 이것은 어디까지나 예외다. 죽음의 시기는커녕 내일 하루의 생활조차 분명치가 않다. 물론 우리는 자기 또는 그 주위의 현 상황에 대해서 적잖은 지식을 갖고 있다. 그리고 사회생활은 매일 어떠한 식으로 운영되고 있는가도 알고 있다. 그래서 상당히 큰 확률로 내일을 예언하는 것은 가능하다. 아침 6시 반 기상, 7시 아침 식사, 9시 회사 도착, 오전에는 사무 집행, 12시 점심 식사, 오후 회의…… 등의 스케줄은 그럭저럭 행해질 것이다. 그러나 그것 이상의 상세한 것은 내일이 되어 보지 않으면 모른다. 그러나 만일 확고한 인과율을 인정한다면—바꿔 말하면 라플라스의 악마를 인정한다면—내일이랄 것도 없이 1년 앞, 10년 앞의 자기 생활도 이미 확정되어 있는 것이다.

악마에 지배된 인간상

우리의 운명이라는 것은 눈에 보이지 않는 곳에서 이미 결정되어 있는 것일까. 가령 결정되어 있었다 하더라도 어차피 인간에게는 알 수 없는 일이므로 마찬가지 아니냐고 주장할지도 모른다. 그것도 하나의 이치일 것이다. 그러나 입자의 운동은 필연의 결과를 초래한다는 입장을 취하면 우리의 운명의 객관성을 인정한 것이 되고, 이미 언급한 것처럼 역학(力學)을 인정하지 않으면 운명의 객관성은 포기한 것이 된다. 전자에서는 조사라는 것을 엄중하게 하면 할수록 장래의 상황은 그것에 따라 명백해지는 것에 반해서 후자의 입장을 취하면 어떤 단계부터 앞의 일에 대해서는 전혀 예언을 하는 방법이 없다는 것이 된다.

자연계의 사상(事象)에 대해서는 인과율이 성립하고 있는지는 모르지만, 인간 자신에 대해서는 그 사람의 마음가짐, 노력 등으로 어떻게든지 바꾸어 가는 것이라고 생각하고 싶어지는 것이 일반적인 인지상정이다. "나의 운명이 역학의 법칙으로 결정되어서야 되겠는가"라고 말하고 싶은 것이다. 달리기 전부터 도착 순서가 결정되어 있는 경기라면 땀을 흘리는 만큼 낭비다.

그러나……이다. 라플라스의 악마는 어디까지나 심술궂다. A라는 사람이 어느 때 무언가에 감격하여 분발했다고 하자. 그런데 분발 그 자체가 이미 예정된 스케줄이다. 과거부터의 뇌세포 운동과 A가 그날 우연히('우연히'라는 것은 단순히 말의 표면상의 기교로 사용한 것이고 악마가 말한다면 물론 '필연적으로'이다) 만난 사건과의 상호작용으로 두뇌의 분자가 들뜬 상태가 된다. A가 "좋아, 한번 끝까지 노력하자"라는 심리상태를 객관시한 것이 뇌 분자의 들뜬 상태(예컨대 원자의 이온화)다.

이에 반해서 B라는 인간이 『불확정성 원리』라는 책을 읽고 "틀림없이 그대로이다, 운명이라는 것은 이미 정해져 있는 것이다"라며 일을 팽개쳤다고 하자. 이것도 사실은 악마의 수첩에 적혀 있는 스케줄이고, B는 모월 모일 책을 사고 그것을 읽은 결과 약간 퇴폐적인 기분이 되고 그 후는 ……

이라고 기입되어 있다.

인과율을 인정하는 한 이와 같이 생각하지 않을 수 없다. 라플라스의 악마를 용인하더라도 인간만은 예외라고 넘겨 버리고 있을 수는 없다. 처음에 언급한 것처럼 인간이라 할지라도 원자로부터 구성되어 있는 것이고 기억, 욕망, 결의, 노력 등 결국은 원자의 배열이라든가 그 이온화로 귀착되기 때문이다. 심리로 설명되고 있는 각양각색의 입장도 결국은 물리학이라는 객관적인 견해로 통일돼 버린다. 만일 라플라스의 악마를 인정한다면……. 아무리 해도 논의는 여기까지 오지 않으면 안 된다.

악마에 도전하는 자

우리의 운세는 처음부터 주어진 것이라고 생각한다면 자못 씁쓸하다. 강력하게 진로를 개척하는 것이야말로 인생이다. 따라서 라플라스의 악마는 있을 리가 없다고 여러분은 주장할지도 모른다. 그러나 감정적으로 부정하는 것만으로는 과학이 되지 않는다. 악마는 원자의 조합, 이온화, 거듭 양성자, 중성자 등의 상호작용과 같은 견고한 무기를 갖고 있다. 맨손으로는 도저히 이것과는 맞설 수 없다.

실제로 현재의 과학으로서는 인간의 신체에 대해서 특히 그 뇌세포의 기능은 결코 분명치 않다. 뇌도 단순한 원자의 배열이라 간주할 수 있다 해도 그 기능은 종전의 물리법칙만으로 설명할 수 있다는 보증은 아무것도 없다. 생명현상을 세포에서 분자, 원자, 이온의 구조에까지 파고들어 그것을 해명해 가려고 하는 연구는 이제 막 착수한 단계다.

그러나 각별히 물리법칙에만 한정시키면 20세기의 물리학은 라플라스의 악마를 세차게 공격하여 그것을 때려눕혔다. 그러나 물질의 궁극은 입자이므로 큰 것은 천체로부터 작은 것은 원자까지 자연은 입자 상호 간의 물리법칙에 따라야 할 것이라는 얼핏 보기에 매우 견고하게 생각되는 사상(思想)을 부수려면 거듭 그것 이상의 고도의 사색과 정밀한 실험이 필요했다.

궁극으로서의 원자에 대해서는 분광학의 발달, X선 기술의 진보, 거듭 질량 분석기(톰슨이나 애스턴에 따른다)라든가 알파선의 충격(러더퍼드에 따른다) 등에 의하여 차츰 그 세계의 구조가 밝혀져 간다. 그리고 물리학자의 눈은 원자로부터 거듭 전자를 주시하게 되고 한편으로는 자연계를 영지(英知)의 눈에 노출시키는 빛에 대해서 적극적인 측정과 고찰이 진행되어 갔다.

그 결과 전자도 입자이므로 당구공과 같은 역학법칙의 지배를 받고 빛은 파동이어서 파동의 고전역학에 따른다는 진지한 사고방식이 심각한 충격을 받는 것이다. 자연의 궁극에 기존의 물리법칙으로는 완전히 다룰 수 없는 세계가 있다……. 이러한 것은 고전역학이 절대적인 것으로서 구축된 자연의 인과율에 금이 가게 하는 사실이 아닐까?

혁명기의 혼돈은 확실히 인과율에 신중한 메스를 가함으로써 한 줄기 빛을 끌어들였다. 그러면 물리학은 어떻게 해서 원인과 결과의 사이에 연결되는 굴레를 끊었는가……. 이 책은 그 경위를 적은 것이다. 라플라스의 악마에 대한 도전의 기록이라고 생각해도 된다. 악마를 바로 정면에서 날

카롭게 추궁한 것은 젊은 날의 하이젠베르크이고, 악마에게 치명상을 입힌 무기는 불확정성 원리다.

2장

어떤 사고실험

정식 촬영·방송 1분 전!

1969년 연말의 일본 중의원 선거에서 텔레비전을 통한 입후보자들의 정견발표가 처음으로 채택되었다. 평소 의회의 단상에서 계속 지껄여대거나 큰 소리로 야유하거나 후원회나 친목회 등에서 동향인을 모아 크게 관록을 과시하던 의원들도 각별히 텔레비전 앞에 서게 되면 아주 사정이 다른 것 같다.

"텔레비전에서 클로즈업되는 것은 태어나서 처음이야. 탤런트도 나쁘지 않군, 아하하하."

이렇게 호쾌하게 웃는 후보자에게 담당자가

"정식 촬영·방송 1분 전입니다!"

라고 말을 한다. 그 순간 선생은 목소리를 딱 멈춘다. 일순간 긴장감이 스쳐 지나간다. 두 손이 넥타이로 갔는가 생각했더니 다음에는 주머니로 들어가고 이번에는 무릎을 쓰다듬는다. 담당자가 주의해서 잘 보면 두 다리를 떨고 있는 경우도 많다고 한다. "큐!" 하고 신호가 왔을 무렵에는 조금 전의 뇌락(磊落)함은 어디로 갔는지 들뜬 목소리가 머리 꼭대기에서부터 나온다.

가정에서 텔레비전을 시청하고 있는 사람에게는 이 후보자가 조금 전에 '아하하하' 하며 호쾌하게 웃었던 일은 알 리가 없다. 긴장으로 굳어진 얼굴을 하고 몇 분인가 대면하고 있는 것이다. 즉 거실에 앉아 있는 대중으로서는 이 후보자는 신경질의 화신(化身)처럼 보이는 것이다. 실제로는 배

짱이 큰 사람일 거라고는 누구도 생각하지 않는다.

이것은 필자의 경험인데 TV에 나오는 어떤 탤런트의 얼굴을 무대 뒤 분장실에서 대충 아무렇게나 카메라에 담은 적이 있다. 그는 무대에서의 별명으로 열대지방의 어떤 맹수의 이름을 가지고 있다. 필자는 이 탤런트가 뒤돌아보자마자 셔터를 눌렀던 것인데 완성된 사진을 보았더니 무척 좋은 얼굴을 하고 있어 놀랐다. 카메라를 본 순간에 연예인으로서의 직업의식이 발동했을 것이다. 상냥하다 할까, 참으로 쾌남아다운 젊은이의 얼굴이 거기에 있었던 것이다.

믿을 수 있는 것, 믿을 수 없는 것

TV 카메라를 들이대면 긴장한다는(또는 좋은 얼굴이 된다는) 이야기와 이제부터 언급하려고 하는 물리학과 어떻게 관계가 있냐고 의아스럽게 여기는 독자도 있을 것이다. 옛날의 물리학, 19세기 중에 거의 완성되었다고 생각된 고전물리학에 대해서만 말한다면 단순한 한담(閑談)에 지나지 않는다.

고전물리란 어떠한 성격의 것인가—이에 대해서는 '라플라스의 악마'로부터 어느 정도의 지식을 얻었을 것으로 생각한다. 뉴턴은 17세기에서 18세기에 걸친 사람인데 그 조금 전 시대에 갈릴레오와 케플러가 나타났다(갈릴레오는 피사의 사탑에서 크고 작은 2개의 쇠공을 떨어뜨린 이야기로, 케플러는 행성 운동에 대한 케플러의 법칙으로 많은 사람에게 알려져 있다). 17세기에서 18세기에 걸쳐서

카메라를 마주 보았을 때의 특별한 얼굴?

는 바야흐로 역학의 세기였다고 말해도 될 것이다. 거듭 소급하면 16세기에는 르네상스의 꽃이 핀다. 그러나 그 이전은 암흑시대—즉 지구가 움직인다고 말한 것만으로 화형을 당하기도 하는 신(神) 일변도의 시대가 1,000년 가까이나 계속되었다.

이렇게 살펴 가면 "폐하, 저에게는 신이라는 가설은 필요 없습니다"라고 자신을 과시한 라플라스의 기개를 모르는 것은 아니다. 자연과학은 신을 버렸다. 그 대신에 채용한 것은 냉정하게 초연히 자연을 객관적으로 기술한다는 태도다.

극단적인 이야기지만 '배가 고프다. 이 정도의 배고픔이라면 지금은 정확히 12시다'라고 생각했다 해도 말을 꺼내면 웃음거리가 된다(도쿄에서 연꽃은 4시에 피고 제비꽃은 12시, 달맞이꽃은 18시에 핀다고 한다. 이것과 비교하면 배꼽시계는 믿을 수 없다).

그런데 누군가가 시계를 보면서 "지금 몇 시 몇 분"이라는 말을 할 때 이것은 의심하는 쪽이 오히려 이상하다. 장치는 이치로서 얼마든지 정밀하게 만들 수 있고 인간의 애매한 주관이나 생각도 들어갈 여지가 없기 때문이다.

확실히 인간의 감각은 애매하고 기계는 정확하다. 그래서 한 사람 한 사람의 눈이나 마음이 주관의 대표라 하면, 기계나 종이에 인쇄된 공식 기록은 객관의 대표가 된다. 이렇게 이상적인 정밀도의 관측기계와 영리한 계산을 사용하면 우주의 삼라만상에 대해서 틀림없이 객관적인 결론에 도달할 수 있다고 생각한다. 사실상 과학은 제3자로서 초연과 자연을 관찰할 수 있다는 것이 고전물리학의 신념이었다.

하지만 과연 그대로일까?

이것은 약간 어깨에 힘주는 문제일 거라고 생각되는 경향이 있을지도 모른다. 그러면 양자공을 상기해 보자. 기묘라 말하면 기묘, 불가사의라 말하면 불가사의이기는 하지만 그러한 상식을 벗어난 것(크기는 공과 비교해서 아주 훨씬 작지만)이 이 세상에 존재한다. 어째서일까? 답은 여기서 문제로 삼은 객관의 의미를 엄격하게 추궁하는 곳에서 발견된다.

텔레비전에서 본 그 후보자는 언제나 극도로 긴장한 얼굴을 하고 있다고 생각하는 소박한 태도와 그것은 카메라를 마주 보았을 때만의 특별한 얼굴이라고 생각하려 하는 태도가 자연과학의 고전과 현대를 나누는 중요한 하나의 선을 긋게 된다.

실제대로는 측정할 수 없다

카메라를 들이대면 일순간 표정이 바뀐다는 것은 인간이 가지는 반사신경 탓일 것이다. 그러면 자연현상에 대해서 우리가 이것을 측정해 주려고 하면 상대방의 표정이 바뀌는 것일까?

표정이 바뀐다는 표현이 적당한지 어떤지는 모르겠지만 그와 같이 생각해도 지장은 없을 것이다. 특히 관측의 대상이 원자나 전자처럼 작은 것에 대해서는 그 경향이 두드러진다.

갑자기 원자의 세계를 생각하는 것은 이야기가 지나치게 비약하므로 조금 알기 쉬운 예부터 들어가 보자.

체온을 재는 데는 체온계를 사용하고 기온을 측정하는 데는 한란계가 사용된다. 그 밖에 열전대 온도계라든가 광(光)고온계, 저항 온도계 등도 있다. 그러나 보통으로는 수은이나 알코올의 열팽창을 이용한 온도계가 친숙하다.

온도계를 물질 속에 넣고 잠시 있으면 먼저 수은이나 알코올이 그 물질과 같은 온도가 된다. 체온계에서 3분계라든가 5분계라고 하는 것은 그 시간을 가리킨다. 그때의 팽창 또는 수축한 부피로부터 수은 또는 알코올 그 자체의 온도를 알 수 있다. 경험상 접촉하고 있는 두 물질의 온도는 금방 같아지는 것을 알고 있으므로 이 온도가 물질의 온도라고 판단해도 지장은 없다.

따라서 수은 온도계에서는 수은과(실제로는 용기의 유리도) 상대방의 물질을 접촉시키는 것이 절대로 필요한데, 이 접촉 때문에 상대방의 온도는 극히 약간이지만 바뀌어 버린다.

그러한 염려가 있다면 수은 쪽을 미리 상대방과 같은 온도로 해 두면 되지 않는가, 그렇게 하면 수은과 물질 사이에 열의 주고받음이 없으므로 물질의 처음 온도를 흐트러지게 하는 일은 없다……라고 말할지도 모른다. 하지만 상대방의 온도를 모르기 때문에 온도계로 측정하는 것이고 처음부터 물질의 온도를 알고 있으면 온도의 측정이라는 조작 자체가 넌센스다.

그러면 수은의 양을 매우 적게, 또 그것을 넣은 유리도 극도로 얇게 만들어 그것을 담근 정도로는 상대방의 온도가 꿈쩍도 하지 않도록 해 두면 어떤가?

그러나 적게 한다, 얇게 한다고 해도 한도가 있어 제로로 할 수는 없다.

이렇게 되면 우리가 읽고 있는 온도 눈금은 실은 온도계 때문에 흐트러진 온도라고 말하지 않을 수 없다. 측정한다는 조작 자체가 이미 대상물의 상태를—과장된 말을 사용하면—혼돈으로 만들어 버린다.

전기나 자기의 흐트러짐

자석의 주위는 자기장이라 하여 특수한 공간으로 되어 있다. 자기장이란 거기에 다시 별개의 자석을 가져오면 그 자석이 어떤 방향으로 끌어 당겨지는 것 같은 공간을 말한다. 지구 자체도 큰 자석이므로 지구의 주위도 자기장으로 되어 있다. 이 때문에 중세의 3대 발명(화약, 인쇄, 나침반)의 하나로서 나침반은 일찍부터 이용되고 있다.

어떤 공간의 자기장을 조사하려면 자침(방향을 조사하는 자석의 바늘)이 있으면 된다. 하기는 자침만으로는 자기장의 세기는 잘 알 수 없으나 자기장의 방향은 분명하다.

그런데 자기장을 측정하려고 자침을 가져오면 그 자침 때문에 자기장을 만들고 있는 큰 자석이—막대자석이든 말굽형 자석이든 또는 지구이든—다소는 영향을 받는다. 자침이라 할지라도 작지만 자석임에는 변화가 없다. 이 작은 자석이 큰 자석을 약간이겠지만 흐트러지게 한다고 생각하지 않으면 안 된다. 나침반의 자석이 지구라는 큰 자석을 혼란스럽게 한다는 것은 상식으로는 생각할 수 없지만 이치로는 가능한 것이 된다. 즉 측정기

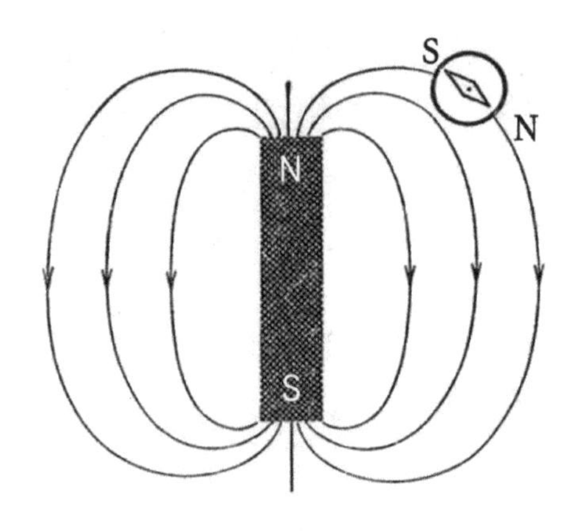

그림 4 | 자기장을 측정한다

구(자침)를 자기장에 넣음으로써 자기장은 다소나마 변화해 버리는 것이고 우리가 관측하는 것은 이 변화한 자기장의 상황에 지나지 않는다.

철사에 전류가 흐르고 있다. 전류를 알기 위해서는 거기에 전류계를 삽입하지 않으면 안 된다. 전류계를 삽입함으로써 전류는 약간 변화해 버린다(실제로는 전류계의 저항은 매우 작아서 거의 전류를 변화시키지 않도록 되어 있지만……). 변화해 버린 전류의 값을 눈금으로 읽게 된다.

전압계에 대해서도 마찬가지다. 두 점 사이의 전압을 조사하기 위해서는 그 두 점을 전압계로 연결하여 계기 속에 전류를 흘려보내고 그때 전류의 크기로부터 두 점 사이의 전압을 읽게 되어 있다. 전압계의 저항은 매우 커서 흐르는 전류는 극히 미약하지만, 전류를 흘려보냈기 때문에 전압을 다르게 해 버린다.

어느 경우에도 측정하려고 하는 조작 자체가 있는 그대로의 모습을 흐트러지게 한다.

50미터 전파에서는 50미터의 오차

우리가 사물이 존재하는 것을 인지하기 위해서는 그 사물로부터 신호가 다가오지 않으면 안 된다. 이것은 관측에 절대 필요한 조건이다. 신호는 소리로도 전류로도 상관없지만 가장 간단하고, 게다가 기본적인 신호는 빛일 것이다. 빛은 물체 자체로부터 발하여 우리의 눈에 들어오든가, 아니면 다른 광원으로부터 나온 빛이 물체에 반사하여 그 반사광을 눈이 받는가이다. 여기서는 일반적인 후자의 경우를 생각하자.

파장은 1만분의 5밀리미터 전후의 빛이 가시광선(눈으로 보이는 빛)이지만 사용하는 것은 이 빛이 아니라도 상관없다. 더 파장이 긴 전파와 같은 것이든, 반대로 파장이 짧은 X선이나 감마선이라도 좋다. 이 신호는 인간의 시신경은 자극하지 않지만 적당한 기구(예컨대 사진건판 등)를 사용함으로써 빛(감마선 등을 포함한 넓은 의미에서의 빛)이 물체에 닿아서 되튕겨온 것이라는 것은 알 수 있다.

그런데 형편이 나쁘게도 빛은 파동이다(이것은 뉴턴보다 조금 뒤인 토마스 영 등이 확립한 사고방식이지만 그 이전에 뉴턴이 빛의 입자설에 몰두했다는 이야기는 흥미롭다). 파동을 물체에 대서 그 되튕김을 받아 물체의 위치를 알려고 할 때 그 위치에 대해서 항상 파장 정도의 오차가 따라다닌다. 이것은 파동으로 사물의 위치를 측정하려고 할 때 반드시 따라다니는 인과다.

만일 빛이 파동이 아니고 직선적으로 진행하는 것이라면 입사광과 반사광을 연장한 교점 위에 물체가 존재하게 되고 이론적으로는 얼마든지 정확하게 그 위치를 확인할 수 있다. 그런데 파동이라는 까다로운 성질을 갖고 있기 때문에 그 정확성에는 한도가 있다.

파장 50미터의 전파가 무언가에 닿아서 되튕겨 왔다고 하면 그때 무언가의 위치는 대략 50미터의 오차를 가지고 관측된다. 아마 나무가 없는 큰 산이라든가 대지에 부딪힌 경우가 그것일 것이다. 또 파장 5센티미터의 레이더용 전파라면 대상물의 위치는 5센티미터 정도의 정밀도로 알게 된다.

한편 인간의 육안의 분해능은 고작 1밀리미터의 10분의 1 정도일 것이다. 분해능(分解能)이란 매우 근접한 두 점을, 2개의 점으로서 분명히 인지할 수 있는 최소한의 거리(두 점 사이의)를 말한다. 이 분해능은 현미경을 사용함으로써 비약적으로 증대한다. 그러나 빛을 사용해서 사물을 보는 한, 분해능은 빛의 파장(1만분의 5밀리미터 정도) 이상으로 좋아지는 일은 없다.

승리의 원인은 이튼교에 있다

온도를 잰다, 자기장이나 전압을 잰다, 위치를 확인한다—이 세 가지 경우에 대해서 있는 그대로의 관측이 얼마나 곤란한가를 조사해 왔다. 캄

캄한 방에서는 아무것도 보이지 않는다. 그렇다고 해서 빛을 쐬면 어두운 곳에서의 모습은 볼 수 없다. 그러면 어떻게 하면 될까. 상황은 대체로 이러한 정도다.

여기서 주의력이 있는 독자라면 이렇게 말할지도 모른다. 가령 관측 이전의 온도계 그 자체의 온도, 질량, 비열 등을 알고 있으면 계산을 통해 흐트러짐(관측함으로써 일어난)의 보정이 가능한 것이 아닌가……. 전류계 그 자체의 저항값일지라도 아는 것은 간단하다……. 빛의 파장 정도의 오차가 나오는 것이라면 훨씬 파장이 짧은 빛을, 예컨대 감마선을 사용하면 이치로써 그것으로 되는 것이 아닐까…….

그대로다. 온도만 알고 싶을 때, 또 전압만 측정하고 싶을 때, 위치만 확인하고 싶다면 우리는 이치로써 불명확성으로부터 벗어날 수 있다.

그러나 생각해 보면 온갖 자연의 영위(營爲)는 '시간'과 '공간'이라는 상이한 차원을 불가결의 요소로 하는 활무대에서 전개되는 하나의 드라마다. 시간개념을 말살한 공간만의 무대, 또는 반대로 공간이 없는 시간만의 무대를 생각하는 것은 이미 인과라는 말 자체를 공허한 것으로 만들고 있다. 그리고 온도만, 전압만, 위치만이라는 단독의 물리량에는 '시간적 탄력성'이 없다. 즉 이러한 단일 물리량만으로는 자연의 흐름이라는 것을 묘사할 수 없는 것이 아니겠는가 하는 의문이 여기서 당연히 생겨나지 않으면 안 된다.

시간적 탄력성이라는 추상적인 말을 꺼냈는데 예컨대, 워털루에서 나폴레옹을 격파한 웰링턴 장군이 1815년 벨기에의 중앙부에 있는 워털루 마을에 있었다고 하는 기술은 시간적인 두께가 없는 역사의 한 단면이다.

또는 그것을 소급하기를, 30년 전에 그는 버킹엄셔의 이튼교(校)에 있었다라고 하는 것도 하나의 단면적 묘사에 불과하다. 그리고 이 두 개의 단면만을 늘어놓아 봐도 이튼과 워털루의 인과관계는 신만이 알 것이다.

그런데 아더 웰링턴은 이튼교에서 젊었고 시대감각이 예리했으며 은밀히 사관학교를 지향하고 있었다라는 말을 덧붙이면 눈에 보이지 않는 시간적 탄력성이 나온다. 즉 사관학교를 지향한다는 것은 어디까지나 지원(志願)이지 현실적으로는 아직 미래에 발을 내딛고 있는 것은 아니므로 그것은 눈에 보이지 않는 탄력성이다. 그럼에도 불구하고 현실적으로는 마침내 그 탄력성이 차츰 늘어나서 1815년의 워털루 마을에 연결된다. 즉 어느 해에 이튼교에 있었다고 하는 단면적인 기술은 사관학교를 나와 군인이 되려고 했다는 미래의 지향을 부가함으로써 비로소 미래로 연결되는 인과적 기술로 바뀔 수 있다. 이 미래에의 지향을 의지(意志)를 갖지 않는 당구공에서는 속도라고 한다.

이야기는 바뀌지만 자기가 누구인지를 잊어버린 사람에게는 어떻게 하면 될까. 하나의 방법으로 이름은 무어라 한다고 먼저 가르쳐 준다. 그러나 당사자는 아직 잘 와 닿지 않을 것이다. 다음으로 거울을 보여준다. 용모가 좋고 나쁜 것은 별개로 하고 이것이 세상에 둘도 없는 당신의 얼굴입니다라고 말해 준다. 아직도 허사다. 다음으로 가족을 소개한다. 이분이 당신의 부인입니다라든가, 아이입니다라고 말한다……. 즉 가장 인상적인 것부터 그 사람의 과거를 소급해 가는 것을 반복한다. 그러한 것을 해가는 동안에 그 사람은 자기가 누구라는 것을 차츰 분명하게 자각하기 시작할 것이다.

인과응보라는 말이 있는데 우리로서 지금 이 순간의 생활은 결코 과거나 미래와 인연이 없는 것은 아니다. 시간 공간의 무대에서 행하는 인과극(因果劇)이란 물리학에서만 특징적인 것은 결코 아니라고 할 수 있을 것이다.

인과관계에 대한 언급

본제인 물리학으로 되돌아가면…….

물리 중에서도 특히 역학은 오늘은 여기, 내일은 저기로 움직이는 것 같은 물체의 인과관계를 추구하는 학문이다. 제1장에서 본 당구공의 운동, 인과라 해도 그 정도의 것이지만, 그러면 몇 개의 조건을 부여해 주면 물체의 인과를 추적할 수 있는가?

상식적으로 말하면 위치는 필요할 것이다. 어디에 있는지 모르고는 달리 방법이 없다. 또 언제의 일인지 모르면 안 된다. 시각과 위치가 우선 필요하다.

하지만 오늘은 여기, 내일은 저기라고 하는 것은 물체의 이동을 나타내고 있다. 실제 온갖 것이 움직이고 있다(속도 제로도 포함하여)고 말해도 잘못은 아닐 것이다.

결국 다음으로는 얼마만큼의 빠르기로 어느 방향으로 향하려고 하고 있는 것인가라는 속도를 아는 것이 필요하다. 시각과 위치와 속도, 이 세 가지로 괜찮은 것일까. 그렇다. 온갖 물체의 운동을 추적하는 데는 이 세

가지 조건이 주어지면 된다. 이것이 고전물리의 답이다.

생각해 보면 자기가 자기(어디의 아무개)이기 (또는 자기라 믿게 하기) 위해서는 얼마만큼의 조건이 필요한가라는 질문을 받으면 답은 의외로 어렵다. 하지만 물체(달이라든가, 당구공이라든가, 유리구슬이라든가, 쌀알이라든가, 모래알이라든가……)가 물체라는 것을 확인하기 위해서는 어떤 시각에서의 위치와 속도가 분명하게 판명되기만 하면 그것으로 좋다. 이쪽은 명확하게 되어 있다.

운동을 추적하기 위한 조건이 어느새 물체의 존재 조건으로 바뀌치기 되어 있다……. 확실히 그렇기는 하지만 현명한 독자에게는 상세한 설명은 필요 없을 것으로 생각한다. 뉴턴이나 라이프니츠는 물체를 어느 시각에 있어서 위치와 속도를 갖춘 질점(質点, 또는 점의 집합)이라고 생각함으로써 많은 성공을 거두었다.

약간 길을 돌아왔지만 우리가 무엇을 구하고 있는가는 일단 명확해진 것이다. 온도만, 전류만, 위치만의 정밀한 값이 단독으로 알려져도 아직 인과관계까지 언급할 수 없다.

내친김에 질점의 역학 이외에 대해서도 간단히 언급해 두자면 예컨대 어느 점에서의 자기장의 세기는 어떠한 순간에서도 꼭 확정되어 있다. 즉 인과율은 역시 성립한다고 하는 것이 고전전자기학이다. 그리고 에너지양에 대한 인과관계도 역시 새로운 파동으로 밀려가는 셈인데 그 검토는 나중에 하는 편이 이해가 쉽다.

감마선 현미경

위치만 확인하는 것은 이치로는 가능하다. 그러나 구하는 것은 위치와 속도 모두다. 위치를 구하고 그다음에 속도를 구한다는 식으로 사이를 두는 것은 허용되지 않는다. 어떤 순간에 있어서 양쪽 값을 구하지 않으면 물체가 거기에 있다는 확인으로는 되지 않는다.

위치를 확인하는 데는 감마선의 파장을 몹시 짧게 했다. 하지만 파장이 짧은 빛은 사실은 압력이 크다(나중에 언급한다). 그렇다면 위치 관측에는 정체를 알 수 없는 흐트러짐이 수반되는 것은 아닐까.

상세하게 이것을 조사해 보기 위해 '사고실험'이라는 것을 채용해 보자. 1927년 하이젠베르크가 생각해 낸 것인데 사고실험이라는 방법 그 자체는 아인슈타인이 처음으로 생각해 낸 것이라고 한다.

현미경의 원리만을 그려 보면 〈그림 5〉와 같다(결국은 확대경과 같다). 보통은 가시광선이 사용되는데 여기서는 감마선을 이용하기로 하자.

그런데 빛(감마선)으로 대상 물체 E(여기서 E는 전자라 생각한다)를 인지하기 위해서는 〈그림 5〉에서 E→A→P로 렌즈의 좌단을 지난 빛, 또 E→B→P로 우단을 통과한 빛, 거듭 그림에는 기입되지 않았으나 렌즈의 한가운데 부근을 지난 것 등, 이들을 다시 요점에 모으지 않으면 안 된다.

렌즈 없이는 절대로 우리는 물체를 볼 수 없다. 인간을 비롯하여 많은 동물의 눈에 수정체라는 렌즈를 만들어 준 자연의 창조력은—더러는 이것이야말로 신의 은총 중 가장 탁월한 것의 하나라고 생각하는 사람도 있을

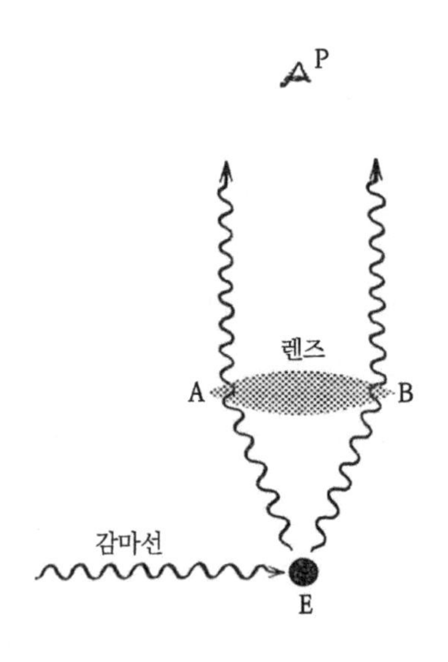

그림 5 | 감마선에 의한 전자의 확인

것이다—참으로 경탄할 만하다.

이 경우 렌즈가 클수록 물체의 위치를 명확히 알 수 있다. 조금 더 정확히 말하면 그림의 A, B의 길이(렌즈의 지름)가 렌즈와 물체 E와의 거리에 비해서 길면 길수록 분해능은 좋다. 그리고 렌즈의 지름이 충분히 클 때 한해서 우리는 물체의 위치를 파장 정도의 정밀도로 측정할 수 있다. 렌즈가 작으면 정밀도는 훨씬 떨어진다.

따라서 그림에서 E의 위치를 관측할 때 좌측에서 감마선을 쐬고 E→A→P로 달리는 반사광이나 E→B→P로 다가오는 것 등을 모으게 된다.

우리의 눈에 도달한 감마선은 렌즈의 좌측 A를 지나서 온 것인가? 또

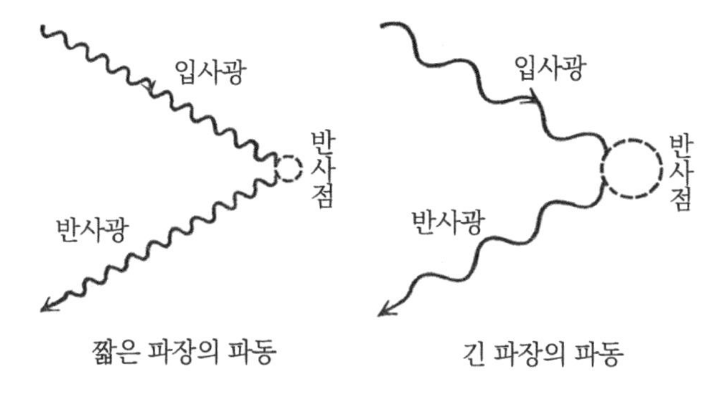

그림 6 | 빛의 파장과 반사점의 불명확성

는 우측 B를 통과해서 온 것인가? 그렇지 않으면 렌즈의 한가운데를 직진해 온 파동인가? 이러한 것을 논의하는 것은 완전히 넌센스다. 빛은 렌즈의 온갖 장소를 전부 통과해 온 것이다. 광속(光束)의 폭을 제로로 하는 것은 빛의 회절성(回折性)에 의해서 절대 불가능하다는 것을 알고 있다.

렌즈를 강하게 조이면 렌즈의 지름을 짧게 한 것과 마찬가지가 된다. 그러나 아무리 조였다 해도 어느 정도 크기의 구멍은 열려 있다. 그리고 빛은 이 구멍의 모든 부분을 지나서 그 뒤에 있는 망막이나 사진건판 위에 상(像)을 이룬다.

전자를 본다

그런데 감마선 현미경으로 전자의 존재를 확인하려고 했을 때는 어떻게 되는가.

감마선뿐만 아니라 일반적으로 빛에는 압력이 있다. 압력을 가지는 감마선이 전자에 닿아서 되튕긴 것이므로 그때 감마선은 전자를 걷어차는 것이 된다. 앞의 그림을 다시 한번 보자. 전자를 걷어찬 감마선이 만일 E→A→P로 달린다면 그 반동으로 전자는 상당히 세게 오른쪽으로 튕긴다. 그런데 감마선은 E→B→P를 굴절하여 상을 이루는지도 모른다. 이때는 앞에서의 경우보다도 걷어차는 방법이 다소 약하다(E에 충돌해서 굽는 각도가 작으므로).

그런데 E에 충돌한 감마선은 A를 경유하는 것인지, B를 지나는 것인지 또는 렌즈의 한가운데 근처를 통과하는 것인지 전혀 모른다. 모른다고 하는 표현방법은 옳지 않다. 감마선이라는 파동은 A점도 B점도 렌즈의 한가운데도 즉 렌즈의 온갖 부분을 지나서 눈 P에 다가오는 것이다. 이상한 표현방법이지만 우리 눈에 도달하는 빛은 전자 E를 강하게도 걷어차고 약하게도 걷어찬다. 강함과 동시에 약한 것이다. 이것으로는 감마선에 조사(照射)된 전자는 얼마만큼의 속도로 움직이기 시작하는지 짐작이 가지 않는 것은 당연하다.

게다가—이것은 실험으로 판명되어 있는 것인데—빛의 파장이 짧아지면 짧아질수록 에너지는 크고 걷어차는 힘은 강해진다. 걷어차는 힘이 강

빛에는 압력이 있다

해지면 걷어참의 부정확한 정도도 커진다. 그래서 파장을 매우 짧게 하여 (예컨대 여기서의 예처럼 가시광선 대신에 감마선을 사용해서) 전자의 위치를 확실하게 확인하면 확인할수록 그 속도는 불명료해진다.

그러면 에너지가 훨씬 작은, 즉 파장이 긴 빛을 사용하면 되는 것이 아닌가……. 이미 본 것처럼 이것은 위치의 불확실성을 크게 하므로 바람직하지 않다.

위치를 결정하려고 하면 속도가 애매해지고 속도를 결정하려고 하면 위치가 부정확하게 된다. 저쪽을 세우면 이쪽이 서지 않는다는 것인데, 불확정이란 원래 이러한 관계로부터 출발하는 것이다.

이미 그것은 물체가 아니다

전자의 존재를 확인하려고 감마선을 쐬게 해도, 위치를 명확하게 하면 속도가 흐릿해지고 속도를 정확하게 알려고 하면 위치가 흐릿해진다.

사실은 양쪽이 흐릿해지는 상태의 사이에는 어떤 관계가 있고 극단적으로 말하면 위치를 꼭 명확하게 하려고 하면 속도는 제로와 무한대의 사이에서 불확정이 된다. 이러한 것은 속도는 그 사이에서 어떤 하나의 값을 갖고 있는 것이지만 우리는 알 수 없다고 생각해서는 안 된다. 전자가 그 사이에서 하나의 속도값을 가지고 있다고 하는 보증 자체가 아무것도 없기 때문이다. 정확한 속도는 신조차도 모를 것이다.

전자는 그때 속도가 제로일지도 모르고 무한대일지도 모른다는 것은 아니다. 이제까지의 이야기의 상황으로는 아무래도 제로인 동시에 무한대이기도 하고 제로인 동시에 1이기도, 100이기도, 그 밖에 온갖 속도를 갖는다는 묘한 것인 것 같다. 우리로서는 이것밖에 말할 방법이 없다. 인간에게는 그러한 묘한 것밖에 보이지 않는 것이다.

그렇다면 전자는 이미 물체가 아닌 것일까. 없다고밖에 말할 수 없을지도 모른다. 그것이 이 장의 첫머리에서 문제로 삼은 인간이 자연을 객관시하는 한계선이다.

그렇다면 전자란 도대체 무엇인가?

월 · 수 · 금은 파동이라 생각하고 화 · 목 · 토는 입자(물체)라고 생각한다—약간 자포자기이지만 이것이 과학자의 최초 시기의 답이었다. 전자는 파동이기도 입자이기도 하다—라고밖에는 말할 수 없는 것 같다. 그러한 애매한 표현으로 괜찮은 것일까(한 걸음 더 파고든 사고는 3장에서 다시 언급한다).

양자역학에서는 예컨대 파동이다, 입자다와 같이 상반되는 두 개의 개념을 대립적으로가 아니고 상호 보완하는 것으로서 채용하지 않을 수 없게 된다. 이것을 상보성(相補性)의 원리라 하는데 양자역학의 두드러진 특징이다.

원래 물체로서의 입자라고 인식되어 온 전자에는 마침내 파동으로서의 성질이 부가된다. 반대로 빛은 파동이라고 생각되고 있었으나 후에 입자로서의 성질이 부가된다. 그 경위에 대해서는 장을 바꿔서 이야기하기로 하자.

광선의 압력

감마선이라는 빛이 압력을 갖는다고 언급했는데 광선이 갖는 압력에 대해서는 나쓰메 소세키의 『산시로(三四郎)』에 흥미로운 설명이 있다.

소설에는 노노미야 씨라는 물리학자가 나타나서 대학의 지하실에서 광선의 압력에 대한 실험을 하고 있다. 마이카(mica, 운모)인가 무언가로 고무판 정도 크기의 얇은 원반을 만들어서 수정(水晶)의 실로 매달고 진공 속에 넣고, 이 원반 면이 아크등의 빛을 직각으로 쐬게 하면 이 원반이 빛에 눌려 움직인다는 것이다.

학자나 화가 등 30명 정도가 우에노(上野)의 세이요켄(精養軒)에서 회합을 연다. 히로다 선생은 고등학교의 교사, 하라구치 씨는 화가다. 이때 노노미야 씨 옆에 있는 비평가가 광선의 압력에 대해서 질문하게 된다.

"우리는 그러한 방면에 관해서는 완전히 무학입니다마는 처음에는 어떻게 해서 착안한 것일까요."

"이론상은 맥스웰 이래 예상하고 있었지만 그것을 레베데프라는 사람이 처음으로 실험으로 증명한 것입니다. 최근 그 혜성의 꼬리가 태양 쪽으로 끌어 당겨져야 했을 것인데 나타날 때마다 언제나 반대의 방위로 나부끼는 것은 빛의 압력으로 날려 버려지는 것이 아닐까라고 생각이 떠오른 사람도 있을 정도입니다."

비평가는 상당히 감탄한 것 같다.

"착상도 재미있지만 첫째 커서 좋군요."라고 말했다.

"클 뿐만이 아니죠. 책임이 없어 유쾌해요."라고 히로다 선생이 말했다.

"그래서 그 착상이 빗나가면 더욱 책임이 없어 좋습니다."라고 하라구치 씨가 웃으며 말한다.

"아니야, 아무리 생각해도 적중하고 있는 것 같아요. 광선의 압력은 반지름의 제곱에 비례하지만 인력 쪽은 반지름의 세제곱에 비례하는 것이니까 물체가 작아지면 작아질수록 인력 쪽이 져서 광선의 압력이 세지지요. 만일 혜성의 꼬리가 매우 미세한 미립자로 만들어져 있다면 아무래도 태양과는 반대쪽으로 날려 버려지는 것이지요."

노노미야는 어느새 정색을 했다. 그러자 하라구치가 여느 때의 어조로 "책임이 없는 대신에 계산이 매우 귀찮아졌어요. 역시 일리일해(一利一害)야" 라고 말했다.

나쓰메 소세키의 시절

소세키가『산시로』를 아사히신문에 연재한 것이 1908년 9월에서 12월까지다. 나중에 상세히 언급하지만 빛을 입자라고 간주하는 이른바 광양자(光量子) 가설을 아인슈타인이 제창한 것이 1905년이므로 소설『산시로』는 이로부터 3년밖에 지나지 않았다. 러더퍼드의 원자 모형이 1911년이므로 이 소설을 발표한 무렵은 원자의 내용물에 대해서는 전혀 모르고 있었을 것이다.

그럼에도 불구하고 빛이 압력을 갖고 있다는 것을 재빨리 소설 속에 채택한 것은 정말 혜안(慧眼)이라고 할 수 있다.

원래 파동에는 압력이라는 것이 없다. 바다의 파도는 확실히 바닷가에서는 바위가 있는 물가에 밀어닥치고 있으나 이것은 파도가 얕은 장소에서 무너지기 때문이고 대해의 한가운데에서는 파도의 진행 방향으로 물체가 계속해서 밀려가는 일은 없다. 바다에 떠 있는 나뭇조각은 파도의 주기에 따라 상하 운동을 반복하고 있는 것에 불과하다.

광파가 압력을 갖는다는 것이 되면 아무튼 고전적인 의미에서의 파동과는 다르게 된다.

① 빛이 물체에 압력을 준다는 것은 역학적으로 생각해 보면 역적(力積, 간단히 말하면 힘에 시간을 곱한 것)을 미치고 있는 것이 된다.

② 역적을 미칠 수 있는 빛은 당연히 운동량을 갖지 않으면 안 된다.

③ 운동량을 가진 이상 빛은 입자적인 성질도 소유하고 있는 것이 된다.

이상과 같이 이론은 전개되고 양자론적인 사고방식으로 발전해 가는 것이지만, 유감스럽게도 노노미야 씨는(아마 데라다 도라히코 씨가 그 모델일 것이지만) 거기까지는 언급하지 않는다. 세계의 물리학자가 암중모색하는 이 시기에 조금 더 파고들어 생각해 보면 이론물리학상의 커다란 진보를…… 이라는 기분이 들지만 결국 콜럼버스의 달걀일 것이다.

현재는 빛의 압력을 알려면 크룩스가 발명한 복사계를 사용한다. 진공에 가까운 유리용기 속에 좌우로 금속조각을 붙이고 중앙을 축으로 하여 회전할 수 있는 날개가 있다. 금속조각의 한 면은 까맣고 반대쪽은 하얗다.

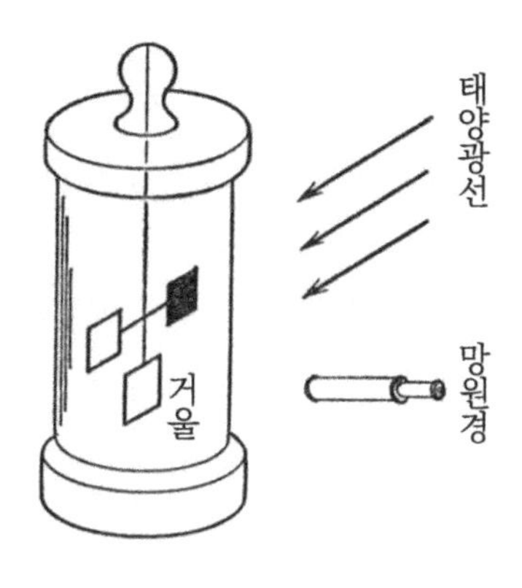

그림 7 | 복사계

이것을 태양광선 아래 노출시킨다. 광선은 흑색에서는 흡수되지만 백색에서는 반사하므로 좌우의 공간 상태는 달라서 날개는 축의 주위를 다소 회전한다. 이 장치로 광선에 압력이 있음을 알 수 있다.

빛의 입자성(粒子性)이라고 말하면 물리학에 별로 친숙하지 않은 독자는 무언가 매우 어려운 이론처럼 생각할지도 모르지만 별것 아니다. 이 간단한(아마 가격도 대단한 것은 아닐 것이다) 장치를 양달에 내놓고 바라보기만 하면 되는 것이다. 돌을 던지면 포물선을 그리고, 꼬마전구에 전지를 연결하면 빛나는 것과 마찬가지 정도로 양자론이라는 것은 우리 주변에 비근한 예로서—나중에 언급하는 것처럼 해수욕에서 햇볕에 타거나 육안으로 별이 보이거나 하는 것 등— 얼마든지 있다.

3장

h의 불가사의

우에노의 산은 옛 싸움터

일본의 역사에서도 대포가 나타난 것은 상당히 오래됐다. 도요토미 시대에는 이미 무장들이 상인의 손을 통해서 대포를 구입하는 데 마음을 쓰고 있었던 것 같다. 다만 당시의 무기로서는 포탄의 도달거리나 화약의 폭발력이 작아 견고한 성곽을 파괴하는 것까지는 이르지 못했던 것 같다. 그 후 도쿠가와 300년의 태평무사가 계속되었기 때문에 멀리서 쏘아 적을 공격하는 무기류 일체는 골동품이 돼버렸다.

명치유신의 전쟁에서 재차 소총, 대포를 사용하게 된다. 특히 우에노(上野)의 산을 사수하는 도쿠가와 막부군(幕府軍)에 대항해서 싸우는 관군(官軍)의 암스트롱 포의 이야기는 잘 알려져 있다.

당시의 포는 탄환을 장전하여 한 발 쾅 하고 쏘면 그 순간에 대포가 대굴대굴 굴러 1~2미터 뒤로 후퇴한다. 대포 사수들이 여러 사람 달라붙어 원위치까지 밀어서 되돌리고 다시 장전해서 발사한다. 또 후퇴한다. 그때마다 영차 하며 위치를 수정한다. 영화 등에서 이러한 것을 보고 있으면 정말로 힘든 것이라 생각되지만 역학적으로 생각하면 대포가 후퇴하는 것은 당연하다. 탄환이 발사될 때 대포를 마음껏 박차기 때문이다.

1863년 암스트롱 포를 적재한 7척의 영국 군함이 일본 가고시마만을 습격했을 때의 일이다. 일본군은 네덜란드제의 구식 대포로 이에 응전했는데, 발사한 바로 그 순간에 후퇴하는 포를 원위치로 되돌릴 겨를도 없이 잇달아 탄환을 발사한 결과, 마침내 사람도 대포도 뒤의 산으로 밀어 붙여져

뜻하지 않게 낭패를 당했다는 이야기가 기록에 남아 있다. 그래서 패배한 것이라고 그 기록에는 적혀 있으나 실제로는 대포의 성능이 승부의 갈림길이었다고 생각된다.

이 경우 쾅 하는 바로 그 순간에 가벼운 쪽인 탄환은 뿅 하고 튀어 나가고 무거운 포신은 쓱 후퇴하는 것인데 '탄환은 재빠르게, 포신은 느리게'라는 식으로 빠르기만으로 양쪽을 형용하는 것은 어쩐지 불공평한 느낌이 든다. 무거운 포신이 쑥 하고 움직이는 것은 오히려 탄환이 뿅 하고 날아가는 것에 뒤떨어지지 않는 박력이 있다. 속도와 동시에 그 무게를 고려하지 않으면 물체의 힘은 파악할 수 없다. 탄환도 100그램짜리 탄환이 날아오는 것보다 1킬로그램짜리 탄환이 훨씬 무섭다.

여기서 옛날 사람은 '무게 곱하기 속도'라는 하나의 양을 생각해냈다. 중세의 스콜라 철학자는 이것을 '임페토우스'(impetous, 약동하는 힘이라는 뜻)라 부르고 뉴턴은 '운동량'이라 이름 붙였다. 그리고 지금은 '운동량'이라고 말하고 있다.

잘 조사해 보면 쾅 한 직후 탄환의 운동량(탄환의 무게 곱하기 속도)과 대포의 운동량(대포의 무게 곱하기 속도)의 사이에 재미있는 관계가 있음이 판명되었다. 탄환의 운동량과 대포의 운동량과는 부호가 반대이고 크기(절댓값)가 같다는 것이다.

운동량 보존의 법칙

대포도 탄환도 점화하기 이전에는 정지(靜止)하고 있다. 즉 어느 쪽의 운동량도 제로이고 따라서 두 개의 운동량을 합해도 제로이다. '발사!' 하는 명령에 따라 점화하여 쾅 하고 난 다음의 운동량도 앞에서 언급한 것처럼 더해 보면 플러스, 마이너스가 상쇄되어 제로가 된다. 이처럼 관계되는 물체를 모두 일괄하여 생각해 보면 이들 사이에 충돌이라든가 반발이라든가 얼마간의 작용이 있었다 해도 작용의 전후에서 전체의 운동량은 바뀌지 않는다는 것을 운동량 보존의 법칙이라 한다. 질량 보존의 법칙 등은 상대론에 의해서 어쩔 수 없이 수정되었다. 그러나 이 운동량 보존의 법칙은 고전물리, 현대물리를 불문하고 성립하고 있는 중요한 법칙의 하나다.

문지방의 홈에 유리구슬 10개 정도를 배열해 두고 조금 떨어진 곳으로부터 별개의 유리구슬을 1개만 들여보낸다. 유리구슬은 쨍그랑 충돌을 반복하여 (실은 운동량을 이동시켜서) 마지막에 반대쪽 끝의 구슬이 1개만 달리기 시작한다. 다음으로 2개의 구슬을 함께 마찬가지로 들여보내면 이번에는 반대쪽의 끝에서 2개의 구슬이 달리기 시작한다. 이것은 운동량 보존의 법칙을 단적으로 나타낸 놀이인데 이러한 것을 응용한 장난감을 시중에서 본 일이 있다.

다시 대포 이야기로 돌아가면 탄환이 튀어 나가는 이상 그 반대급부로서 무언가 뒤로 물러서지 않으면 안 된다. 대포는 마침내 개량되어 발사와 동시에 포신만 후퇴하도록 고안되었다. 포신의 아래를 긴 통이 떠받치고

운동량은 보존된다

통은 포체에 고정되어 있어 포신은 그 위로 미끄러진다. 다만 포신은 포 전체에 비해서 상당히 가볍기 때문에 발사한 순간에 상당한 속력으로 후퇴한다(어느 정도 후퇴하면 자연히 멈추게 되어 있지만).

하지만 특수한 포, 예컨대 바주카포라든가 무반동포 등은 후퇴하지 않는다. 이것은 장약(裝藥)이 폭발하는 부분의 후방이 비어 있기 때문이다. 폭발한 장약은 큰 압력으로 뒤로 터져 나온다. 탄환은 대기를 박차고 전진하는 것이다. 이때는 탄환과 그 부근의 기체 전부를 합해서 생각해 보면 역시 운동량 보존의 법칙은 성립하고 있다. 운동량은 없는 곳에서 생기는 것도 아니고 가령 물체가 이동해도 전체로서 증감하는 것도 아니다.

빛은 당구공인가

앞에서 빛은 물체에 대해서 걷어참을 준다는 것을 언급했다. 빛은 원래 파동이다. 그럼에도 불구하고 흑백의 날개를 돌린다는 것은 우리가 이 눈으로 보고 있는 틀림없는 사실이다.

그러나 날개라는 무게가 있는 물체에 빛이 속도를 부여한다는 것은 결국은 날개에 운동량을 부여한다는 것이 될 것이다. 그러면 빛에는 원래 운동량이 있는 것일까?

운동량은 최초 대포의 탄환이나 당구공과 같은 입자에 대해서 정의된 것이므로 먼저 적색, 백색 두 개의 공의 충돌에 대해서 생각해 보자.

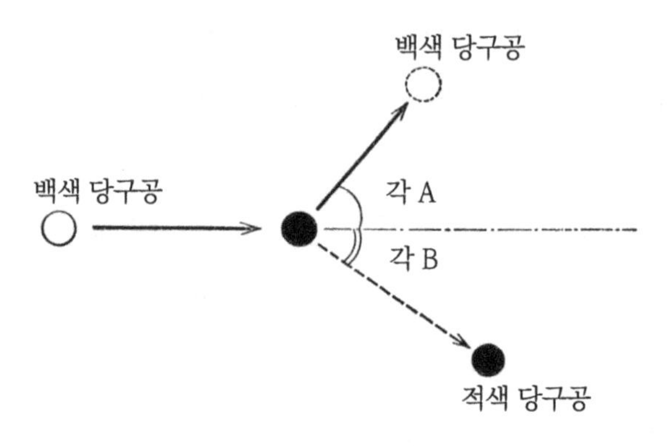

그림 8 | 당구공의 산란

〈그림 8〉과 같이 빨간 공에 충돌한 흰 공이 각도 A만큼 굽었다고 하자. 흰 공이 극히 약간 빨간 공을 스치고 지나갔을 때는 각도 A는 작고 흰 공의 운동량은 약간밖에 감소하지 않을 것이다. 물론 감소한 운동량은 빨간 공으로 이동하여 빨간 공이 그 몫만큼 힘이 붙는 것이다. 또 흰 공이 정면으로 빨간 공에 맞은 경우에는 각도 A는 크고 운동량의 감소(이동이라 하는 편이 좋을지도 모른다)도 크다고 생각된다. 실제 상세하게 계산해 보면 흰 공의 운동량의 감소비율은 각도 A의 대소에 따라 정확히 결정할 수 있음을 알고 있다.

그런데 감마선 현미경에서는 전자에 빛이 닿는 경우를 머릿속에서만 생각했는데 실제로 빛을 전자에 충돌시키면 어떻게 되는가는 실험이 가능하다.

전자를 하나만 끄집어내서 이것에 빛을 잘 명중시키는 것은 어렵다. 그래서 나트륨 등의 물질에 가시광선보다 조금 더 파장이 짧은 X선을 조사해

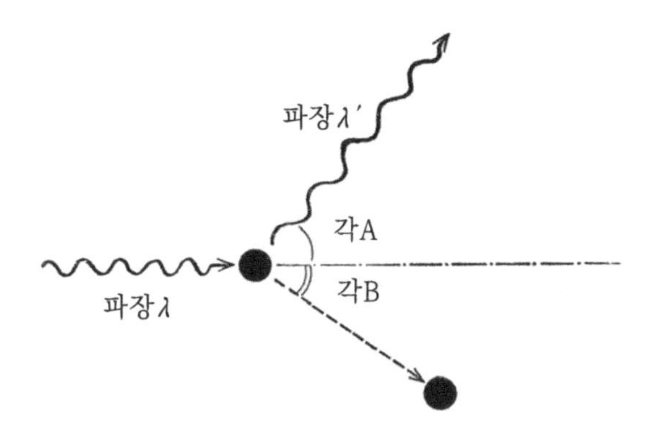

그림 9 | 전자에 의한 컴프턴 산란

준다. 그렇게 하면 X선의 어떤 것은 약간 굽혀지고 어떤 것은 심하게 굴절하여 후방에 설치된 기기(機器)에 도달하게 된다.

이 실험으로 엄밀하게 측정한 결과에 따르면 산란된 X선은 당초보다도 파장이 길어져 있다. 게다가 각도 A가 큰 것일수록(즉 심하게 굴절한 것일수록) 보다 크게 파장이 늘어나는 것이 발견된다.

흰 당구공의 예로 보면 각도 A가 크다는 것은 충돌로 상실되는 운동량이 크다는 것이었다. 그러면 만일 X선이 운동량을 갖고 있었다고 가정하면 어떠한 것이 되는가. 나트륨에 닿은 X선은 운동량을 일부 상실하고 그 상실된 운동량에 상당하는 만큼 파장이 늘어난다고 해석할 수 있다.

빛이 무언가(실은 에너지)의 많은 알맹이라는 가설은 위의 실험에 앞서기 십수 년 전에 아인슈타인에 의해서 제출되어 있었다. 빛은 물체에 운동량을 부여한다. 게다가 운동량 보존의 법칙이라는 예외가 없는 법칙을 지키지 않으면 안 된다. 더구나 빛은 어떤 종류의 입자라고 한다. 물리학자의 심정으로서 여기는 반드시 빛에 운동량을 갖게 하고 싶다.

그래서 착안한 것이 위의 실험에서의 파장과 운동량과의 관계다. 운동량이 감소하여 작아지면 파장이 커져 있다. 반대로 말하면 운동량이 커지면 파장이 작아진다. 이것은 반비례의 관계가 아닌가. 결국 빛은 자신의 파장에 반비례하는 운동량을 갖는다라고 했을 때, 이론적으로도 실험적으로도 물리학 전체에 약간의 모순도 나타나지 않음이 밝혀졌다. 물리학자의 의도대로 이렇게 해서 빛에 운동량이 부가된 것이다. 이것을 식으로 적으면 다음과 같다.

$$(\text{빛의 운동량}) = \frac{(\text{일정 값})}{(\text{빛의 파장})} = \frac{h}{\lambda}$$

다만 이 경우 튕긴 전자는 맹렬한 속도로 달리기 시작하므로 계산은 상대성 이론을 고려하여 행해졌다. 상수 h에 대해서는 바로 다음에 상세히 언급하기로 한다.

컴프턴 효과

산란 X선의 파장이 산란각에 따라서(즉 충돌로 상실되는 운동량에 따라서) 길어지는 현상을 컴프턴 효과라고 일컫는다. 시카고 대학의 물리학 교수

아더 컴프턴은 1923년에 위의 실험결과를 발표하여 4년 후에 노벨 물리학상을 받았다.

빛이 많은 입자로서의 성질을 보이는 것은 이미 아인슈타인 등이 지적했던 것인데 빛의 운동량을 직접 유도해 낼 수 있는 컴프턴 실험은 충분히 칭찬받아 마땅할 것이다.

고전물리학의 파탄 후에 나타난 새로운 양자물리학은 20세기 초에 독일, 덴마크, 영국을 중심으로 대두된 것이고 이것을 추진해 발전시켜 간 것은 대부분이 유럽의 물리학자였다. 미국 북동부 오하이오주 출신의 컴프턴 등은 예외 중의 한 사람일 것이다.

또한 오해를 피하기 위해 미리 말해 두지 않으면 안 되는데, 컴프턴 효과란 예컨대 나트륨에 X선을 쐬는 것과 같은 특별한 경우에만 일어난다.

X선에 비하면 파장이 긴 백색광을 붉은 벽에 쐬었을 때 붉은빛만 되튕겨 왔다고 하는 것은 컴프턴 효과가 아니다. 붉은 페인트라는 것은 백색광선 중 청색 부분[이것을 적색의 보색(補色)이라 한다]만을 흡수하는 능력을 갖기 때문에 붉은빛만 돌아오는 것이다. 가시광선에서는 파장이 지나치게 길어(즉 운동량이 지나치게 작아서) 전자를 되튕길 정도까지는 이르지 못한다.

또 나트륨과는 달리 원자량이 큰 원자에 X선을 충돌시켜도 X선은 많은 전자에 동시에 충돌해 버려 상대방의 전자를 움직이게 할 수 없다. 이럴 때 빛은 충돌 전후에서 운동량(즉 파장)을 바꾸지 않고 단순한 산란을 할 뿐이다.

새로운 바람

빛의 파동설이 확립된 것은 영이나 프레넬 등에 의해서인데 유명한 뉴턴 경은 계속해서 빛의 입자설에 정력을 쏟았다. 하지만 파동과 입자를 서로 용납되지 않는 개념으로 하는 것이 고전물리학이었으므로 어느 쪽인가 한쪽은 반드시 물러서지 않으면 안 되는 운명에 있었다.

그런데 새로운 물리학에서는 파동과 입자를 양립시켜서 서로 보완하는 관계(상보관계)에 두려고 한다. 덴마크의 닐스 보어가 불어 넣은 새로운 바람이었다.

전자가 유리의 진공관 속에서 팔랑개비를 돌리거나, 자석에 의해서 진로가 굽혀지거나, 무게가 있거나(빨리 달리면 상대론에 의하여 무게, 바른 표현으로 질량이 증가한다) 한다는 것으로부터 입자라 생각되고 있고, 한편 빛은 회절이라든가 간섭, 편광 등이라는 파동 특유의 현상을 나타내 보이는 것으로부터 파동이 틀림없다고 생각되고 있었다.

이들 입자라 생각되고 있었던 전자에 파동으로서의 성질을, 거듭 파동이라 간주되어 있었던 빛에 입자로서의 성질을 발견·부여해 가는 것이 19세기 말에서 20세기에 걸친 새로운 물리학의 방향이었다. 이것이 지향하는 바는 빛도 전자도(그 밖의 소립자도) 모두 양자(量子)라는 하나의 새로운 개념으로서 파악하자는 것이다. 실제 이러한 것들은 고전물리의 파동도 아니고 입자도 아니며 확실히 양자로서밖에 생각할 수 없다는 것을 서서히 과학은 알게 되었던 것이다. 이러한 의미에서는 파동이기도 하고 입자이기도 하다는 항간의 표현방법은 엄밀하게는 옳지 않다.

현대물리학에서 말하는 입자성(性)이란 캐비아(caviar)나 말린 청어알 등의 많은 알맹이와는 조금 다른 면을 갖추고 있다. 어떤 순간에서 속도와 위치를 갖지 않는 것 같은 초상식적(초현실적이라고 말하고 싶지만 현실이기 때문에 어쩔 수 없다)인 것도 하나, 둘이라 셀 수 있으면 입자라는 파악방법을 취한다. 무게가 있건 없건 문제가 아니다…….

결국 입자(즉 양자)란 운동량과 에너지를 갖는 것이라고 하는 것이 현대물리학의 하나의 사고방식이다. 맥스웰 등의 고전전자기학에서는 빛의 에너지는 무한히 작게 나눌 수 있다고 하고 있으므로 물론 입자성은 갖지 않는다.

컴프턴 효과에 의해서 빛은 운동량을 갖는다는 것이 밝혀졌는데 여기서 새롭게 정의된 운동량의 식을 보면 보통의 역학에서 사용하는 (운동량)=(질량)×(속도)와는 완전히 다르다. 식 안에 나오는 것은 파동으로서의 빛이 가지는 파장이다. 이러한 점에서 보면 고전적인 빛으로부터 양자로 나아가는 다음의 단계는 빛의 파장에 상응하는 불연속적인 에너지의 값을 빛에게 발견해 주는 일일 것이다. 이를 위한 가설로서는 1900년 플랑크의 양자 가설이 있고 거듭 그 입증으로서 1905년 아인슈타인이 발표한 광전효과(光電效果)의 연구가 있다. 알아차린 독자도 있겠으나 이 책의 설명 방법은 반드시 시대의 흐름을 따르고 있는 것은 아니다. 예컨대 컴프턴 효과에 의한 빛의 운동량의 발견은 에너지에 대한 광양자(光量子) 가설이나 광전효과보다도 뒤에 일어난 일이다.

광전 효과

가와바타 야스나리 씨의 노벨상 수상 후 얼마 되지 않아서의 일이었다고 생각되는데 일본의 모 신문이 노벨상의 내막을 기사로 싣고 있었다. 그런데 읽어가는 동안에 다음과 같은 대목에 부딪혀 눈을 의심했다.

"아인슈타인은 1921년 사진전기 효과의 연구에 의해서 노벨상을 받았다……."

사진전기 효과라 하면 그 뜻을 알 수 없는데, 그만 깜빡하고 광전 효과(photoelectric effect)의 '포토'를 사진, '일렉트릭'을 전기라고 잘못 해석한 것일 것이다.

광전 효과란 금속면에 빛을 쐬면 전자가 튀어나오는 현상을 말한다. 전기로 유명한 헤르츠나 레나르트가 발견한 것인데 아인슈타인은 이것에 새로운 해석을 부여한 것이다(헤르츠도 레나르트도 아인슈타인도 모두 독일인이었다).

전자라는 것은 원래 원자의 일부분이다. 그런데 금속 안에는 원자로부터 유리하여 자유로이 돌아다니고 있는 전자가 많다. 이 전자가 금속 밖으로 나오는 데는 W의 에너지를 필요로 한다(고체론에서는 이것을 일함수라고 한다). 즉 금속 중의 전자는 W라는 깊이의 구멍으로 떨어져 있는 상태에 있다고 생각하면 된다.

지금 이 전자에 빛이 닿는다. 그리고 빛으로부터 W보다도 큰 에너지 P를 받았다고 하자. 에너지가 증가한 전자는 금속으로부터 튀어나오지만 튀어나온 뒤에도

$$E = P - W$$

만큼의 운동에너지를 갖고 달아나게 된다. 이 현상이 광전 효과다. 위의 식은 아인슈타인의 광전 효과 식의 근본이 된 것인데 다음과 같이 생각하면 알기 쉽다. 예컨대 10만 원의 벌금을 내지 못하여 구치 상태에 있는 청년이 있다고 하자. 그 청년이 무언가의 이유로 15만 원의 돈을 수중에 넣을 수 있었다고 하면 당연히 자유의 몸이 되는 것이 가능하다. 게다가 주머니 속에는 5만 원의 재산이 있다. 이것을 공식으로 적으면

(석방 후의 재산) = (받은 돈) - (벌금)

이다. 광전 효과는 이 청년의 석방과 마찬가지다.

받은 돈 P라는 것은 빛이 전자에 준 에너지, 즉 빛의 에너지를 말한다. 문제는 이것을 어떻게 생각하는가이다.

태양, 전등, 촛불과 같은 발광체로부터는 빛이라는 에너지가 달려온다. 이 에너지가 전후, 좌우, 상하의 온갖 방향(즉 3차원적인 전방향)으로 빈틈없이 퍼져간다고 하면 당연히 일정한 넓이(다만 빛의 진행 방향에 수직인 평면)가 1초 동안에 받아들이는 에너지의 양은 거리의 제곱에 반비례해서 작아진다.

만일 빛이 이렇게 공간의 사방팔방으로 고르게 퍼져간다고 하면 금속 중 아주 작은 전자에 닿는 빛의 양은 극히 미미한 것이 되어 버린다. 겨우 이 정도의 에너지로는 전자는 도저히 벌금을 지불하고 (즉 일함수를 이겨내고) 금속 밖으로 도망칠 수 없다. 그럼에도 불구하고 실제로는 이 정도의 에너지로도 광전 효과는 일어난다.

이렇게 된다면 이 현상을 도대체 어떻게 해석하면 될까. 빛은 에너지의 탄환(즉 덩어리)과 같은 것이고 이것이 쾅, 쾅 하고 전자에 부딪힌다고 생각하지 않을 수 없다.

빛이 입자이기 때문에 별이 보인다

이러한 사고방식을 뒷받침하는 예는 이 밖에도 많이 있다. 심야에 우리는 많은 별을 볼 수 있다. 물체가 보인다는 것은 우리의 시신경의 분자—안구의 가장 안쪽의 망막 부분에 있는 것—가 들뜬 상태가 된다는 것이다. 분자를 구성하는 원자의 배열이 바뀌는가 또는 원자가 이온화되는가는 분명치 않지만, 아무튼 이처럼 분자의 상태를 바꾸는 데는 분자 1개당 1일렉트론볼트 정도의 에너지가 필요하다.

1일렉트론볼트란 분자나 원자 하나에 대한 에너지의 크기를 나타내는 데 사용되는 단위이기 때문에 우리의 일상감각으로 말하면 아주 적은 양이지만 분자가 변화하거나 원자로부터 전자를 잡아떼는 데 필요한 에너지는 언제나 이 정도라 생각하고 있으면 된다.

그런데 별의 광도(光度), 별과 지구와의 거리는 알고 있다. 이것들을 기초로 하여 계산해 보면 시신경의 분자가 예컨대 1초 동안에 별로부터 받는 에너지는 아무래도 1일렉트론볼트라는 큰 것은 아니다. 빛의 에너지를 입자라 간주하지 않는 연속적인 사고방식에서는 별로부터의 빛은 연달아 계속해서 다가온다(입자에서는 순간적으로 쿵 하고 부딪히는 것이지만). 그래서 다가오는 빛의 에너지를 시신경의 분자가 얼마 동안 저장해 두면 마침내는 1 일렉트론볼트 정도가 되는데 그 얼마 동안이라는 시간은 계산해 보면 수분에서 수십 분이 된다.

실제로는 그렇게 이상하게는 되어 있지 않다. 하늘을 쳐다본 순간에 별을 볼 수 있다. 캄캄한 밤에 외출하여 얼마 동안 있으면 별빛이 뚜렷해지는 일이 있는데, 이것은 동공이 확대되었기 때문이지 다가오는 에너지가 축적되었기 때문이 아니다. 즉 별이 보인다는 것은…… 빛이 입자라는 것을 뒷받침하고 있는 것이다.

장작을 연소시켜도 전자는 나오지 않는다

빛의 에너지가 입자를 이루고 있는 것은 알았지만, 그 에너지양의 대소에 대해서는 아직 아무것도 말하지 않았다.

금속으로부터 전자를 내쫓기 위해서는 금속에 강한 빛을 쐬면 된다. 그렇다면 금속 가까이에서 많은 장작을 연소시킨다든가 난로를 마구 피우면 되는 것인가?

아니다. 그러한 것을 해도 광전 효과는 일어나지 않는다. 아무리 난로를 늘어놓아도 금속 중의 전자는 금속으로부터 튀어나올 만큼의 에너지를 받을 수 없다. 그렇지만 난로의 수를 증가시키면 금속에 닿는 에너지는 증가하는 것이 아닌가? 그런데도 왜 전자가 나오지 않는 것인가?

빛의 에너지가 크다는 것은 다음과 같이 두 가지 경우를 생각해 볼 수 있다.

① 한 알 한 알의 에너지가 크다.

② 입자의 수가 많다.

난로를 마구 피운다는 것은 ②의 의미에서의 에너지를 증가시키는 것이다.

그런데 광전 효과의 경우에는 금속 중의 전자에 충돌하는 빛은 1개이고 2개가 동시에 충돌하는 일은 드물다. 이 때문에 금속으로부터 전자를 내는 데는 빛 1개당의 에너지를 크게 하지 않으면 안 된다.

그러면 ①의 에너지는 어떻게 해서 결정되는가? 여기서 이야기는 막스 플랑크로 돌아간다. 돌아간다고 말한 것은 시간적으로 5~6년 소급하기 때문이다.

우연의 공명

빛의 에너지에는 단위량이 있고 그 이상 작게 분할할 수는 없다고 하는 사고방식은 1900년에 플랑크(제3장 도입 부분의 사진)에 의해서 제창되었다.

그는 1858년에 독일의 킬에서 태어났고 뮌헨 대학, 킬 대학에서 물리학 강의를 담당하고 있었는데 열복사(熱輻射)의 연구로 유명한 키르히호프

빛이 입자이기 때문에 별이 보인다

가 베를린 대학을 떠나게 되어 그 후임으로 베를린 대학에 부임했다. 플랑크의 최초의 연구가 열역학이었기 때문이다.

19세기가 끝날 무렵 고온 물질에서 발하는 열이나 빛의 에너지를 이론적으로 설명하려고 그 무렵의 물리학자 레일리, 빈 등이 여러 가지로 고심했으나 아무래도 잘되지 않았다. 플랑크도 1900년 말의 학회에서 열복사에 대해서 강연하기로 되어 있었는데 다른 사람이 할 수 없는 것은 그도 역시 마찬가지로 할 수 없었다. 물체로부터는 1,000도에서는 불그스레한 빛이 나오고 2,000도에서는 제법 황색이 되며 3,000도가 되면 더 흰빛을 띤다……는 사실은 당치않은 말로 어떻게 이기죽거려도, 아무리 정색을 하고 계산해 보아도 정확한 설명이 불가능했다.

곤경에 빠져 있는 상황에 조수 한 사람이 찾아왔다. 빈이 낸 식을 조금 수정하면 실험 사실과 딱 일치한다는 것이다.

ν를 진동수, T를 온도, a와 b를 적당한 상수라 할 때 고온물체에서 나오는 진동수 ν의 빛의 세기는

$$\frac{a}{e^{b\nu/T}}\ (\text{빈의 식}) \longrightarrow \frac{a}{e^{b\nu/T}-1}\ (\text{플랑크의 식})$$

과 같이 분모에서 1을 빼면 되는 것이다.

왜 1을 빼면 실험과 맞는 것인지 플랑크 자신도 잘 모른다. 그러나 대학이 여름방학 직전이기도 해서 몇 개월을 한가로이 지내려고 생각하고 있었는지 어떤지, 아무튼 플랑크 교수는 "1을 빼기만 하면 된다는 것이라면 이

번 강연은 그것으로 하지 않겠는가"라고 간단히 정해 버렸다.

플랑크의 식은 수학적으로 말하면 무한등비수열의 합으로 되어 있다. 1매가 2매, 2매가 4매, 4매가 8매……의 1, 2, 4, 8…… 등은 2를 공비로 하는 등비수열이고 이들을 전부 더한 것이 등비수열의 합이다(다만 플랑크의 경우는 수열의 항은 앞으로 갈수록 작아진다). 이것은 바꿔 말하면 빛의 에너지는 연속적이지 않아서 불연속의 값밖에 취할 수 없다고 해석해 주지 않으면 안 된다. 이렇게 해서 19세기가 막 끝나려고 하는 1900년 12월 14일의 독일 물리학회에서 플랑크는 빛의 에너지는 불연속의 값을 갖는다는 전대미문의 이론을 발표하는 처지가 되었다.

$$E = h\nu$$

이 식이 플랑크의 결론이었는데 운동량을 정할 때 나온 상수 h가 여기에도 나타나고 있다. 이러한 것은 오해를 초래할지도 모른다. 실제로 플랑크의 식에서 처음으로 h가 나타난 것이고 h는 그 이름을 기념하여 플랑크 상수라 일컬어지고 있다. E는 빛의 에너지, ν는 진동수다. 진동수는 광속도를 파장으로 나눈 것이고 1초 동안에 몇 개의 파동이 어떤 장소를 통과해 가는가를 나타내고 있다.

광양자 가설에서 광자로

플랑크는 어쩌면 뉴턴에 맞먹는 발견일지도 모른다고 생각해 본 것 같지만 다른 사람에게 그렇게 말할 만큼의 자신은 없었다(아들에게는 말한 것 같다). 하물며 청중의 대부분은 터무니없는 이야기가 나왔다고 생각했을 것이다. 그러나 이 날림 일(그랬을 것이라 상상된다)식의 강연이 양자론의 도화선이 되고 '연속에서 이산(離散)으로'라는 물리학 대개혁의 발단이 되었다.

터무니없는 이야기치고는 너무나도 실험 사실과 맞는다……하여 양식이 있는 학자들은 이 이론을 검토하고, 1905년에 독일의 슈타르크와 아인슈타인은 동시에 빛은 입자적으로 공간을 진행한다고 가정했다. 이것을 광양자 가설이라 한다.

광양자(light quantum)는 후에 광자(photon)라고 부르게 되고 소립자론의 시초와 동시에 그 일원이 되는 것이다.

이러한 이유로 양자론의 발단은 플랑크로부터 비롯되었다고 할 수 있다. 그는 이 공적에 따라 1918년에 노벨 물리학상을 받았고 그 후 얼마 안 있어 독일의 최고 연구기관인 카이저 빌헬름 협회의 회장이 되었다. 이 협회는 제2차 세계대전 이후 막스 플랑크 연구소라고 불렸다. 그는 두 번째의 조국의 패전과 더불어 심신이 모두 지쳐 1947년 패전의 혼란기에 완전히 낡아버린 아파트의 방에서 쓸쓸하게 죽었다.

마찬가지로 전쟁이 한창일 때 빌헬름 연구소에 있었던 하이젠베르크가 오늘날 독일 물리학회의 황제라고도 일컬어질 만큼의 기세에 있는 것과 대

조해 보면 어쩐지 운명의 불공평함을 느끼게 한다.

해수욕으로 검게 타는 까닭

다시 광전 효과로 이야기를 되돌리자. 앞에서 나온 광전 효과의 식을 고쳐 쓰면

$$E = h\nu - W$$

가 된다. $h\nu$는 플랑크에 의해서 가정된 빛의 에너지, W는 전자가 튀어나오기 위해서 필요한 에너지(일함수), 그리고 E는 튀어나온 전자가 가지고 있는 운동에너지다.

이 식은 광전 효과에 대한 아인슈타인의 식이라 부르고 그 이전에 이루어진(이후도 마찬가지지만) 광전 효과의 여러 가지 실험결과를 모두 실수 없이 설명할 수 있는 것이었다. 진동수 ν—따라서 파장은 $\frac{c}{\nu}$—의 빛이 $h\nu$라는 에너지를 갖고 있다는 것이 여기서 밝혀졌다. 아인슈타인은 이 업적에 따라서 플랑크가 상을 받은 3년 뒤인 1921년에 노벨 물리학상을 받게 된다. 다만 h의 값은 그 무렵에는 아직 결정되어 있지 않았다.

반복하지만 빛이 강하다는 것은 광자의 수가 많다는 것과 하나의 광자의 에너지 $h\nu$가 크다는 것, 양쪽에서 생각하지 않으면 안 된다.

열복사에 의해서 우리의 피부가 뜨겁게 느껴지는 것은 주로 광자의 수가 많기 때문이다. 불꽃으로부터는 광자가 계속 튀어나오지만 1개당 에너

지는 그다지 크지 않다.

한편 빛을 받아서 화학반응이 촉진되는 경우—이것을 광화학반응이라 하는데—광자 1개의 에너지가 상당히 클 필요가 있다. 우리의 피부가 태양빛을 쬐서 검게 타는 것도 일종의 화학변화다. 해안처럼 자외선이 많은 장소에서는(자외선은 가시광선보다도 ν가 크다) 10분간 일광욕을 하는 것만으로 다소나마 검게 된다.

그런데 새빨갛게 불타는 페치카 앞에서 두 시간, 세 시간 앉아 있어도 검게 타지는 않는다. 몸이 받는 에너지의 양은 페치카의 경우가 훨씬 많지만, 피부는 광자 1개의 에너지가 일정한 값에 도달하지 않는 것에는 화학반응을 일으키지 않는다.

광전 효과로 $h\nu$ 와 E의 관계를 잘 파악할 수 있었던 것도 빛과 전자의 교섭에 이러한 특성이 있었기 때문이다.

토키 영화

토키(talkie, 발성영화)라고 해도 요즘엔 단박에 와 닿지 않는다. 천연색 영화, 시네마스코프, 시네라마조차도 새삼 무슨 소리냐고 할 것이다.

하지만 1920년대 후반까지의 활동사진은 무성 영화였다. 이른바 변사가 무대의 한구석에 앉아

“메리와 잭은…….”

하면 관중은 박수를 보냈다.

마침내 토키의 기술이 개발되어 일본에서도 1931년의 마쓰다케(松竹) 영화 『마담과 아내』를 시초로 변사들을 실업자로 만들게 된다.

그림 10 | 영화필름의 사운드 트랙

그런데 이 토키는 디스크식과 필름식이 있는데 필름식에서는 소리의 파형이 그대로 필름에 프린트되어 있다.

필름의 파형 부분에 닿은 빛도 프린트된 파동 모양에 따라 때로는 강하게, 때로는 약하게 뒤에 있는 광전관을 향해 다가선다. 광전관에서는 금속 K에 여러 가지 파형의 빛이 닿으면 그때마다 여러 가지 속도를 가진 전자가 튀어나와 금속 A에 흡수된다. 빛이 올 때만 K와 A 사이에 전자가 달린다. 따라서 G의 부분에 전류가 흐른다. 이 전류를 증폭하여(전류 변화의 형태를 그대로 하고 양만 강화시키는 것) 전자석에 유도하면 전자석은 파형대로 쇳조각을 움직이므로 배우의 목소리가 음파가 되어 그대로 스크린의 뒤에서 들려온다. 광전 효과를 오락에 활용한 한 예이고 음성 그 자체가 필름과 더불어 보존되어 있는 것이다.

광전 효과에서의 여러 가지 실험, 즉 전자가 튀

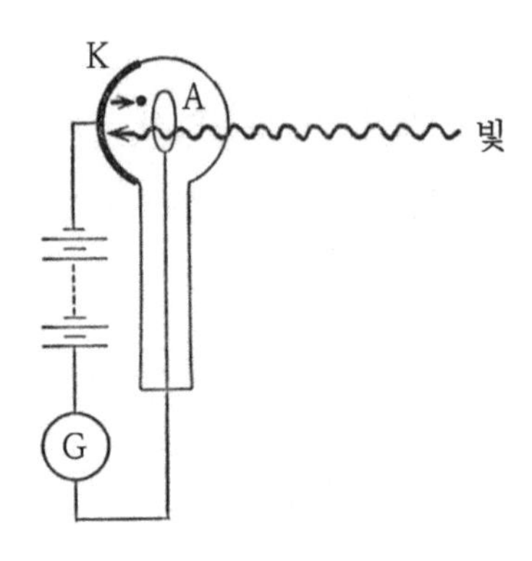

그림 11 | 광전관의 원리

어나오기 위한 최저의 빛에 필요한 진동수라든가 튀어나온 전자의 운동에너지를 상세하게 조사하여 h의 상세한 값을 낸 것은 로버트 밀리컨이다. 밀리컨은 미국의 실험물리학자이고 밀리컨의 기름방울실험(전자의 단위 전하를 결정) 등으로도 잘 알려져 있다. 플랑크 상수의 결정이라는 업적과도 합쳐서 노벨상을 받았다.

$$h = 6.6255 \times 10^{-27} \text{에르그} \cdot \text{초}$$

이것이 1916년에 밀리컨이 낸 값이다.

불확정성 원리

잠시 빛의 입자성을 문제로 삼아 왔다. 말하자면 고전적인 빛에서 광양자로의 길을 간추려서 돌아다본 셈이다. 그러나 광양자의 운동량이나 에너지를 결정하는 플랑크 상수에 관해서 중요한 해석을 부여한 것은 하이젠베르크였다. 제2장의 감마선 현미경으로 이야기를 되돌려서 조금 더 상세히 검토하기로 하자. 제2장에서는 전자의 속도를 문제로 했는데 정확히 그것은 운동량으로 하지 않으면 안 되었던 것이다. 같은 감마선의 걷어참에서도 무거운 것은 움직이기 어렵다는 사정이 생긴다.

현미경으로 전자를 들여다보았을 때 그 위치의 불확정의 크기를 Δx라고 하고 운동량의 불확정의 정도를 Δp로 나타내자. 즉 전자는 Δp로 나타내자. 즉 전자는 Δx라는 범위 안에 있는 것은 그런대로 명확하지만 그 범위 안의 어디에 있는가는 불분명—이렇게 말하는 것보다도 올바른 해석을 하면, Δx 중의 어디에라도 존재하고 있다—하고 관측한 전자의 운동량도 Δp 라는 범위 내에서는 우리는 아무것도 모른다—즉 이 범위 내의 모든 운동량을 소유하고 있다—고 해 본다. 요컨대 Δx나 Δp가 어느 정도의 크기로 되는가다.

현미경의 분해능은 관측에 사용하는 빛의 파장 정도라고 했는데 실제로는 렌즈의 크기나 물체와 렌즈의 거리에도 관계된다. 렌즈의 지름 $\overline{AB}$가 길면 뚜렷해지고 물체와 렌즈의 가장자리까지의 거리 $\overline{AE}$는 짧을수록 분해능은 좋다. 광학적인 연구에 따르면 분해능—즉 물체의 위치를 인지할

수 있는 범위라는 것은 대략

$$\Delta x = \frac{\lambda}{\frac{\overline{AB}}{\overline{AE}}}$$

가 되는 것이 밝혀져 있다.

한편 h/λ의 운동량을 갖는 광자로 물체를 튕겼을 때 물체는 어느 쪽으로 되튕겨 버렸는지 잘 알 수 없다. 특히 렌즈가 크고 E와 A의 거리가 가까울수록 전자를 옆으로 강하게 걷어찬 빛이 렌즈에 뛰어 들어올 가능성이 있다. 이 때문에 관측된 전자의 운동량의 불확정의 정도 Δp는 사용하는 빛의 운동량 h/λ에 $\overline{AB}$와 $\overline{AE}$와의 비를 곱한 것

$$\Delta p = \frac{h}{\lambda} \times \frac{\overline{AB}}{\overline{AE}}$$

가 된다.

여기서 Δx와 Δp를 서로 곱해 본다. 그렇게 하면 렌즈의 지름이나 렌즈와 물체의 거리 등 현미경에 사용되는 특유의 수치는 소거되고 게다가 λ도 소거되어 간단히

$$\Delta x \cdot \Delta p = h$$

가 된다. 이 관계식이 하이젠베르크의 불확정성 원리이다.

하이젠베르크

하이젠베르크는 20세기의 첫해인 1901년에 독일의 뷔르츠부르크에서 태어났다. 이론물리학의 번성기였고 더구나 그 중심도시인 뮌헨, 괴팅겐, 코펜하겐에서 그것도 일류 교사인 조머펠트, 보른, 보어의 가르침을 받았다. 독일에서는(독일뿐 아니고 외국에서는 대부분 그러하지만) 오로지 학문에만 열중하는 학생은 한 대학에 정착하지 않고 기회를 보아 각 연구실을 돌면서 스스로를 연마해 가는 것이 관례로 되어 있는데 하이젠베르크도 이 제도를 가장 유효하게 실행한 한 사람일 것이다.

1925년에 그는 보른, 요르단과 함께 이른바 전기(前期) 양자역학과는 딴판인 새로운 양자역학—오늘날 말하는 '매트릭스 역학'을 창시했다.

그때까지의 물리학에서는 예컨대 전자의 위치 x라든가, 운동량 p 또는 에너지 E 등 어느 것도 단순한 수치였으나 극미(極微)의 세계에서는 당구공과는 다르므로 옛날대로의 수학을 사용하고 있다가는 해결되지 않는다. 보통의 x나 p로는 아무리 방정식을 둘러맞춰도 옛날식의 당구공밖에는 적을 수 없다. 위치라든가 운동량이라는 것의 개념의 변경과 동시에 그것을 기호적으로 표현하는 수학 쪽에도 당연히 대대적인 변경이 필요하게 된다. 그래서 하이젠베르크 등은 더 별개의 수식이 필요하다고 여러모로 사색한 결과 매트릭스(행렬)를 사용하면 이제까지 언급해 온 마이크로(미크로) 세계의 불가사의한 성질이 식에 잘 맞는다는 것을 발견한 것이다.

또한 6장에서 다시 언급하지만 x, p, E처럼 관측의 대상이 되는 물리량에 대한 것을 관측가능량(observable)이라고 한다.

하이젠베르크는 1927년에 라이프치히 대학의 교수에 임명되고 이 해에 불확정성 원리를 제창했다. 위치와 운동량 가운데 한쪽을 명확하게 하면 할수록 다른 쪽은 이에 반비례해서 불확정으로 되어 간다.

실험기구의 불정확성 때문이 아니고 더 자연의 근본원리로부터 이러한 것은 주장되지 않으면 안 된다. 이치상으로는 어디까지라도 정밀도를 높일 수 있다고 한 이제까지의 물리학으로서는 커다란 변화였다.

또한 그 후에도 오스트리아의 물리학자 파울리와 함께 공간의 상태를 양자론적인 계산법으로 처리하는 하이젠베르크 · 파울리의 이론을 전개하고 그 후에도 원자핵 구조론, 핵력의 이론, 자성(磁性)에 관한 고찰, 초전도(극히 저온에서 어떤 종류의 금속 저항이 제로가 되어 버리는 현상)의 연구 등 그 업적은 극히 넓은 분야에 걸쳐 있다. 물리학에 한정되지 않고 무엇을 시켜도 유명해졌을 사람일 것이라고 하는데 결코 단순한 재주꾼은 아니다.

1929년에 영국의 물리학자 디랙과 함께 일본에 왔었고 또 1967년에도 부부동반으로 일본 각지를 다니면서 강연했으며 물질의 궁극은 원물질(原物質)에 귀착된다는 것을 주장했던 것은 기억이 새롭다.

양자역학의 개척자 대부분은 병으로 죽었는데 그는 오랫동안 살아남아(1976년까지 삶) 활약한 물리학자의 한 사람이다. 4장 도입부에 실린 사진이 불확정성 원리를 발표한 무렵의 젊은 하이젠베르크의 모습이다.

4장

인과율의 붕괴

건너편 기슭을 바라본 뉴턴

산수와 꽃과 새, 하늘이 맑게 개고 비가 내리며 바람이 불고 눈이 내리는 등의 자연현상은 참으로 변화가 많고 복잡하기 그지없다. 물은 낮은 곳으로 흘러 강이 되고 땅에 뿌린 한 알의 씨는 머지않아 싹이 돋아 꽃이 피며 때로는 하늘을 찌를 듯한 큰 나무로도 자란다. 별은 돌고 계절은 반복된다.

던진 돌은 마침내 땅에 떨어지고 움직였던 흔들이는 빨라지는 일도 느려지는 일도 없이 그대로의 상태로 흔들리고 있다. 물은 깊어짐에 따라 압력이 증가하고 산이 높으면 공기는 희박해진다.

이러한 삼라만상 모두가 운동의 기본법칙으로부터 해명되는 것이라 하여 자연계와 마주 대한 것이 뉴턴이었고 17세기에서 18세기, 거듭 19세기 중엽까지의 자연관이었다.

뉴턴의 입장에 대해서는 2장이나 3장에서 문제로 삼아 왔는데 관측하는 우리와 관측되는 대상물인 자연계의 관계에 대해서는 아무것도 언급하고 있지 않다. 바꿔 말하면 대자연이라는 커다란 도가니를 그 바깥쪽에서 바로 보고 있다. 자연계에서 일어나는 모든 일을 건너편 기슭의 현상으로서 파악하고 강을 사이에 둔 이쪽 기슭에서 지켜보고 있는 것이다. 도가니 안에서 어떠한 갈등이 일어나든 강을 사이에 둔 건너편 기슭이 아무리 떠들썩한 사바세계이든 이것을 응시하는 관측자로서는 모두가 남의 일이다.

우리(측정하는 자)와 그것(자연현상)의 사이에 연좌라든가 연루라든가 하는 말을 완전히 거부한 자세, 이것이 뉴턴의 입장이라고 할 수 있다. 신을 대신하여 진리라는 말의 메아리가 불가침의 위엄을 갖추고 측정결과의 절대성에 비평의 눈을 돌리는 것을 허용하지 않았다.

상대론도 고전물리이다

이윽고 역학 이외에 전자기학이라는 커다란 분야가 물리학 안에 들어왔다. 실험적으로는 영국의 과학자 패러데이(1791~1867년)가 전기에 관한 수많은 현상을 발견했고, 마찬가지로 영국의 물리학자 맥스웰(1831~1879년)이 교묘하게 수학을 사용하여 전기와 자기에 대한 이론을 정리했다. 뉴턴의 운동방정식과 맥스웰의 전자기방정식은 자연현상의 기반이고 물리법칙의 골자다.

거듭 1905년 아인슈타인의 특수상대론이 세상에 나옴에 따라 공간과 시간을 동등한 입장에서 방정식 안에 끌어들이지 않으면 안 되었다. 이어 1915년의 일반상대론에 따라 뉴턴 방정식의 불완전성이 충분히 문제가 될 만큼 눈에 띄게 되고, 실제로 수성(水星)의 운동을 바르게 측정해 주면 아인슈타인의 주장대로 되는 것을 알았다.

이와 같이 뉴턴의 역학은 다소 수정되었지만 '건너편 기슭을 바라본다'라는 뉴턴 사상의 기반은 상대론에 이르러도 바뀌지 않고 있다. 확실히 상대론은 존재하는 물체와 그것을 가만히 바라보는 자기와의 사이에 일정한 속도의 빛이 필요하다는 것을 주장한다. 이 때문에 공간이나 시간에 대한 사고방식은 근본적으로 바뀌어 맹렬한 속도로 달리는 막대기는 그 길이가 줄어든다고 하는, 예상도 하지 않았던 결론이 나온다.

그러나 상대론은 빛의 속도가 유한이라는 것은 언급하고 있지만 그 빛이 대상물의 상태를 흐트러뜨린다는 등의 것에는 조금도 언급하고 있지 않다. 그건 고사하고 그러한 불확정성을 전혀 인정하지 않고 있는 것이다.

그래서 상대론에 따르면 서로 달리고 있는 체계끼리는 상대방의 시간의 경과가 늦어진다고 하는데 그것이 어느 정도 느린지는 확실히 알고 있는 것이다. 서로의 속도가 판명되어 있으면 그것으로부터 귀결되는 현상이 가령 아무리 상식 밖의 일이라 하더라도 결과는 확고하게 결정되어 있다고 하는 것이다.

고전물리학이라는 말은 보통으로 해석하면 오래된 물리학이라는 의미가 될 것이나 정확히는 '측정이라는 조작이 대상물에 아무런 변화도 초래하지 않는 입장에 선 물리학'을 말한다. 이런 의미에서는 상대성 이론도 고전물리학이다. 고전물리학의 가장 완성된 극한상태가 상대론이라고 말할 수 있을 것이다.

물리학은 양자시대를 맞이하여

고전물리학의 반대어는 양자물리학이다. 20세기가 되고 원자나 전자의 연구가 활발해지면서 아무래도 고전적인 사고방식으로는 설명이 되지 않는 문제가 속출했다.

요컨대 3장에서 언급한 컴프턴 효과도 그중 하나다. 광전 효과도 마찬가지다. 원자로부터 나오는 빛의 파장이 불연속이라는 것, 왜 플랑크의 식(3장에서의 이야기처럼 분모에서 1을 뺀 식)이 옳은가 하는 것, 또는 고체의 비열이 온도가 낮은 곳에서 한층 작아진다는 사실 등은 뉴턴역학으로도 맥스웰의 전자기방정식으로도 거듭 상대론을 응용해도 해결할 수 없다. 건너편 기슭의 자연현상을 바라보고 모든 것은 해결되었다, 또는 해명될 가능성을 갖는다라는 자부(自負)는 원자의 세계에서 지지를 상실한 셈이다.

그래서 양자론의 탄생기에는 뒤에 언급하는 '보어의 양자조건'이라는 것으로 절박한 고비에 대처하게 된다. 생각해 보면 고전물리학이라는 것은 일조일석(一朝一夕)에 완성된 것은 아니다. 많은 현재(賢才)가 몇 세기 동안에 만들어 낸 완벽한 (또는 그렇게 생각되었던) 학문체계다. 새로운 이론을 조립하려면 어느 세상에서도 낡은 것을 앞지르지 않으면 안 된다. 그러나 낡은 것도 그것이 몇백 년이나 걸려서 조금씩 쌓아 올린 것이라면 그것은 그것으로 충분한 값어치를 갖는 것이다. 낡은 것을 간단히 부정하는 것은 옛날의 인간은 모두 바보라고 단정 짓는 교만함과 통한다.

물리학의 문제라 해도 종전의 이론을 다소 재정비하는 것만으로 실험결과가 잘 설명되면 이것보다 더 좋은 것은 없다. 아니, 새로운 것이란 이러한 식으로 해서 창조되어 가는 것이다. 필요 이상으로 혁신성에 연연하는 것은 오히려 올바르지 않은 일일 것이다.

이러한 사상으로부터 탄생한 것이 보어의 양자조건이다. 이리하여 원

월, 수 금에는 파동이라 생각하고 화. 목, 토에는 입자라 생각한다

자핵의 주위를 전자가 돌고 있다는 사고방식은 1910년대의 고전물리에서 양자물리로 가는 과도기의 모형이 되었다.

그런데 머지않아 전자의 파동성 등도 발견됨에 따라 마이크로한 현상에 관한 갖가지의 새로운 사실은 고전물리학으로는 물론 보어의 양자조건에 따른 원자 모형으로서도 어쩔 수 없게 되어 버린다.

원자핵은 원자의 중심에 육중하게 버티고 있는 입자다. 전자는 그 주위를 적당한 조건으로 돌고 있는 입자다. 그리고 빛은 전자로부터 나오는 파동이다……라고 말하는 고전적 사상은 차츰 힘을 잃어간다. 그 대신 양자라는 새로운 개념을 사용해서 원자의 구성 멤버 및 원자 그 자체를 재검토하는 것이 시대의 요청이 되었다.

양자란 어떠한 것인가? 그것은 '월, 수, 금에는 파동이라 생각하고 화, 목, 토에는 입자라 생각한다'라는 브래그 경의 이 말로부터도 당초의 과학자들의 갈팡질팡하는 모습을 헤아릴 수 있을 것이다. 그러면 남은 하루, 일요일에는 무엇을 하는가? '일요일에는 신에게 가르침을 간청한다'라는 친절한 우스갯소리까지 붙어 있다.

하이젠베르크의 불확정성 원리로부터는 먼저 파동·입자의 딜레마에 대해서 이론적인 해석을 끄집어낼 수 있다. 이러한 것에는 상보성(相補性)을 도입한 닐스 보어가 가장 기뻐했을 것임에 틀림없다.

불확정성 원리에 따르면, 우리의 관측이 상대방과의 교섭 없이는 있을 수 없다는 숙명이 때마침 마이크로의 세계에서 클로즈업되어 이것이 문제의 이면성(二面性)을 낳는다고 한다. '때마침'이라는 표현방법은 이상할지도 모르지만 가령 당구공을 아주 작게 만들어가면 마침내 우리에게는 양자(전자나 광자나 중성자라는 사소한 것은 빼놓고)로밖에는 보이지 않게 된다는 것이다. 또는 당구공이나 공을 작게 해가는 대신에 플랑크 상수의 h를 크게 해가도 된다. 물론 그러한 임의의 일은 불가능하지만 만일 가령 그것이 가능하다면 대 리그 공 2호에 대한 컴퓨터 교수의 해석은 올바른 것이 된다.

물리학은 항상 현실에 입각해 있고 충분히 믿을 만한 관측과 이에 바탕을 둔 이론이 전부다. 원자에 대한 정밀한 논의나 양자역학(양자를 다루는 역학체계)의 구성에서 이 불확정성 원리는 항상 고려되지 않으면 안 되는 기본원리다.

지킬과 하이드

빛의 이면성에 대해서 생각해 보자. 운동량의 불확정성을 Δp, 위치의 불확정성을 Δx라고 하면 $\Delta x \cdot \Delta p = h$라고 하는 것이 불확정성 원리였다.

먼저 가령 h의 값을 제로와 꼭 같다고 하면 어떻게 되는가. 이때에는 분명히 Δx도 Δp도 제로로 할 수 있다. 즉 위치도 운동량도 동시에 결정된다고 생각해도 지장없다. 여기에 나타나는 것은 우리가 상식적으로 입자라 하고 있는 고전물리의 입자다.

h를 제로로 한다는 것은 어떠한 것인가. 자연계의 에너지는 연속이어서 불연속이 아니라고 하는 것이다. 즉 자연계가 연속이고 편편하게 퍼져 있으

면 모든 것은 고전 이론으로 결말이 나고 라플라스의 악마도 소생한다…….

그다음으로 $h=6.6255\times10^{-27}$에르그 · 초라 하고 Δx를 거의 제로와 같다고 하면 어떻게 되는가. 이항하여

$$\Delta p=\frac{h}{\Delta x}$$

이므로 Δp는 무한대의 범위에서 불확정이 된다. 이러한 것은 운동량 등을 문제로 삼지 않으면 위치만은 명확해진다. 고전 입자에는 위치가 있다. 고전적 파동에는 위치 등은 무의미한 것이므로 이 경우는 입자성을 나타낸 것이라 할 수 있을 것이다. 어떤 순간에서 전자의 형광 스크린에의 충돌 장면을 생각하면 이것은 위치를 확정하는 것이 될 것이다.

거듭 그다음에 Δp를 제로에 접근시키면 어떻게 되는가. 위와 마찬가지로 생각하면 운동량은 결정되지만 위치 쪽은 무한대의 범위에서 불확정이 된다. 위치는 문제 밖으로 하고 운동량만을 생각한다—물론 이 경우의 운동량은 mv가 아니고(빛에는 이 정의가 통하지 않는다) $p=h/\lambda$이었으므로 운동량의 결정이란 단적으로 말해서 파장을 결정해 주는 것에 상당한다. 회절이라든가, 간섭이라든가 아무튼 파장으로 결말이 나는 모든 현상을 생각할 때 빛에 대해서 이러한 취급을 하고 있는 것이 된다.

결국 빛의 입자설이라 하고 파동설이라 하는 것도 요컨대 불확정성 원리의 식이고 실험사실에 맞춰서 Δx를 제로로 하는가, Δp를 제로로 간주하는가의 차이다.

이 관계식은 온갖 입자에 대해서 성립한다. 전자, 알파 입자(2개의 양성자와 2개의 중성자로 구성되어 있는 입자), 양성자, 중성자 등 상식적으로는 입자라고 생각하고 있었지만 Δp를 제로로 해 주면 그대로 파동상(像)이 완성된다.

프랑스의 이론물리학자 드 브로이는 물질 입자의 흐름은 파동으로서의 성질을 갖는다는 것을 주장했다. 이것을 물질파라고 하는데 슈뢰딩거의 파동역학의 개발에 커다란 힌트를 준 것이다. 물질파의 진동수와 에너지의 관계 및 파장과 운동량과의 관계는 아인슈타인이 광자에 대해서 제창한 것과 완전히 같다.

미국의 벨 전화회사의 데비슨과 자마는 1921년경부터 전자의 흐름을 니켈판에 대는 실험을 했다. 전자는 여러 가지 방향으로 굽혀져 뒤의 원통판 안쪽에 닿는데 굽혀진 각도에 따라 농담(濃淡)이 있음을 알았다. 거듭 이 방법을 개량하여 정밀한 실험을 한 끝에 전자의 흐름도 파동이라고 인정하지 않을 수 없다는 결론에 도달했다.

거듭 일본의 기쿠치 세이시 박사는 전자의 흐름을 운모의 얇은 단결정에 대서 이것을 통과시켜 후방에 줄무늬 모양이 생기는 것을 확인하고 있다.

이들은 모두 전자라는 입자(라 생각되고 있는 것)가 달릴 때 파동으로서의 면을 나타내 보이는 증거다. 결국은 불확정성 원리가 자연계(인간이 보는)의 궁극이고 보편적으로 성립하고 있다는 증거로 되어 있다.

불확정의 의미

이렇게 생각하면 빛에서도 전자에서도 모두 불확정성 관계가 성립하는 것을 알 수 있다. 전자에 대해서 $\Delta x \cdot \Delta p = \hbar$가 성립한다는 것은 2장에서 언급했고 빛에 대해서 성립한다는 것은 가정으로서 이미 사용했다. 사실상 빛에 대해서도 같은 식이 성립하는 것이다.

빛이 금속에 충돌할 때는 국소적으로 에너지를 집중한다. 즉 Δx(장소를 모르는 정도)는 매우 작다. 그런데 렌즈를 통과하는 빛은 렌즈 가득히 퍼져 있다. 망원경 렌즈도 안경 렌즈도 원자에 비해서 훨씬 크다. 빛의 존재영역 Δx는 렌즈의 지름처럼 터무니없이 큰 값으로 되어 있다.

전자가 어떤 영역 안에서만 존재할 때 그 모양을 수학의 함수라는 것을 이용하여

$$\psi = \psi(r)$$

와 같이 적는다. 그리스문자인 ψ(프사이)를 사용하니까 초심자에게는 손대기 힘든 느낌이 들지만 프사이가 싫으면 f라도 g 라도 상관없다. r라는 것은 어떤 점으로부터의 거리다. r가 1옹스트롬(1억분의 1센티미터)이라면 $\psi(r)$는 크고 2옹스트롬이라면 $\psi(r)$는 작다고 한다면…… 전자는 어떤 점의 가까이에 많이 존재하고 거기에서 2옹스트롬이나 떨어지면 우선은 존재하지 않는다고 해석한다.

어떠한 사항—또는 개념—도 그것을 설명하는 데 특수한 단어, 전문용어 또는 특별한 기호를 사용하는 것은 원래는 올바른 일이 아니다. 그런데

일상적으로 사용되는 어휘의 조합만으로는 아무래도 서술하는 데 정확성이 결여되는 것 같은 경우가 있는데 이때는 부득이 특수기호를 사용하지 않을 수 없다. 광자(전자라도 그 밖의 입자라도 마찬가지지만)의 이상야릇한 상태에 꼭 적합한 것이 $\psi(r)$이다. 수학이라는 것은 우리가 어떻게 좀 멋지게 말하려 해도 도무지 말로는 다 표현할 수 없을 때 정말 편리한 테크닉이라 할 수 있다.

그렇지만 수학 특히 ψ 등은 아주 싫다고 말하는 사람도 많을 것이다. 광자, 전자, 그 밖의 입자란 결국 어떠한 것인가를 굳이 말만으로 표현한다면 "금속판 등에 댔을 때는 입자적인 성격을 보이고, 렌즈나 회절격자 등을 통했을 때는 파동적인 거동을 나타내 보이는 바의 것이다"와 같은 관계대명사적인 표현방법이 가장 좋을 것이다. 이루어진 결과는 알 수 있으나 관찰되기 이전의 것에 대해서는 뭐라고도 말할 수 없다.

시간도 불확정

상대성 이론에 따르면 공간과 시간은 대등하게 취급해야 한다. 그렇다면 Δx가 들어가야 할 장소에 시간의 불확정성 Δt를 가져온 관계식이 있어도 괜찮을 것이다. 아니, 존재하지 않으면 안 된다.

이러한 것에 대해서 알기 쉬운 설명을 생각해 보자. 우리가 바닷속에 수영복을 입고 서 있고(바다는 얕아서 충분히 서 있을 수 있다고 하자) 선 채로 바

뛰어든 순간에는 진동수는 알 수 없다

다의 파동의 진동수를 재려고 한다. 자기의 가슴 부근을 보고 있으면 파동 때문에 수위는 올라갔다 내려갔다 할 것이다. 가장 깊을 때는 수면이 목까지 오고 머지않아 배꼽 근처까지 내려가고 다시 목까지 올라온다. 이 시간 동안, 즉 파동이 한번 요동치는 동안 바닷속에 서 있지 않으면 파동이 요동치는 수(1초 동안에 몇 회 요동치고 있는가. 하기는 바다의 파동이라면 수십 초에 1회의 비율로 요동치고 있을 것이지만)는 알 수 없다. 요컨대 바닷속에선 그 순간에 파동의 요동 수를 판정하려 해도 그것은 불가능한 이야기다.

1초 동안에 몇 회 요동하는가, 그 횟수(즉 진동수)를 ν(누)라 한다. ν의 값을 확인하는 데 필요한 시간, 즉 파동이 한번 진동하는 시간 Δt는 바다의 파동 이야기로부터 생각하여

$$\Delta t = \frac{1}{\nu}$$

이 된다. 그런데 측정하려고 하는 에너지의 불확정의 정도 ΔE를 양자역학의 공식을 사용해서 $\Delta E = \hbar \cdot \nu$라고 하고 이 좌변을 앞의 식의 좌변에, 우변을 앞의 식의 우변에 각각 곱해 주면

$$\Delta E \cdot \Delta t = \hbar$$

가 된다. 즉 시간과 에너지의 사이에 불확정성 관계가 성립한다.

물론 바다의 파동 이야기에서 갑자기 양자론의 공식으로 비약하는 것

은 결코 올바른 설명 방법이라고는 할 수 없다. 어쨌든 사고방식의 일단의 기준이라는 정도이고 결국 일순간에서의 에너지의 엄밀한 값은 정하기 어렵다. 거듭 일순간(즉 Δt가 제로)에서의 정확한 에너지양이라는 것은 사고의 대상이 되지 않는다는 것을 납득해 주기를 바란다.

에너지가 정확할 때는

원자물리학 등에서는 에너지의 값을 정확히 정해 주지 않으면 안 되는 경우가 많다. 예컨대 수소원자의 에너지값은 여차여차하니까 그것으로부터 나오는 빛의 파장은 결정되어 있다든가, 단진동을 하는 원자의 에너지는(이에 대한 것은 나중에 언급한다) $\hbar\nu$, $2\hbar\nu$, $3\hbar\nu$, ……와 같이 확정되어 있다(에너지의 값이 이처럼 많이 예상되어도 이러한 것은 에너지의 값이 불확정이라는 것과는 다르다. $\hbar\nu$라든가 $2\hbar\nu$라든가 하는 것처럼 확정되어 있는 것이다)고 흔히 말한다. 이 경우에는 시간 쪽은 압도적으로 불확정이 된다. 간단히 말하면 언제라도 그러한 에너지값을 나타내 보인다는 것이다. 이처럼 언제나 마찬가지 상태에 있는 물리적인 체계에 대한 것을 정상상태(定常狀態)에 있다고 한다. 양자역학의 문제를 풀 때는 대상물을 정상상태라고 하여 체계가 취할 수 있는 에너지의 값을 명확하게 구해 주는 일이 많다. 불확정성의 원리에서 ΔE를 제로로, Δt를 무한대로 하고 있는 이유다.

그러면 반대로 Δt가 작고 ΔE가 훨씬 큰 경우가 있는가?

있다. 불확정성 원리에 따르면 에너지는 순간적으로는 터무니없는 값이 될 수 있다. 그리고 에너지 보존 법칙이라는 자연계의 기초적인 원리도 이러한 것에 대해서는 트집을 잡지 않는다. 이것은 중간자의 부분에서 다시 언급하기로 하자.

실례를 들어 생각해 보면

돌도 책도 책상도 자동차도 그리고 인간의 신체도 결국은 원자로 구성되어 있다. 원자에 대해서 불확정성 원리가 성립한다면 이들의 집합물인 돌에 대해서도 자동차에 대해서도 같은 원리가 성립해도 될 것이 아닌가?

그대로이다. 이치로 말하면 돌도 자동차도 불확정성 원리의 지배하에 있는 것인데 유감스럽게도 질량이 너무 지나치게 크다. 큰 질량 속에 자연계의 기본법칙은 매몰돼 버려 실제로는 도저히 문제가 되지 않는다.

실례로 생각해 보기로 한다. 위치를 제법 정확히 정해서 원자의 크기 정도까지(수 옹스트롬, 즉 1센티미터의 1억분의 1 정도) 명확하게 했다고 하자.

이때 운동량의 불확정성은 대략 $\Delta p = 10^{-19}$(센티미터 · 그램/초)라는 값이 된다. 운동량이라는 개념이 원래 이해하기 어려운 것이므로 이러한 말을 들어도 단번에 와 닿지 않는다. 그래서 더 직감적인 속도로 고쳐 보면 다음과 같다.

예컨대 1톤의 자동차에서는 속도의 불확정성은 매초 10^{-25}센티미터 정도—즉 1초간 달리는 동안에 1센티미터의 10조분의 1의 거듭 1조분의 1 정도 속도가 어긋난다(불확정이 된다). 이것으로도, 사실은 아직 단번에 느껴지지 않는다. 그렇다면 이렇게 고쳐서 말하자. 이 자동차 속도의 어긋남은 1조 년의 10만 배(물론 지구의 수명인 수십억 년보다 훨씬 길다) 달려서 단지 1센티미터다. 이만큼의 어긋남은 엔진의 상태가 나쁘기 때문도 아니고 휘발유의 불량 탓도 아니며 물리학의 원칙에 준해서 생기는 것이다.

자동차에서의 이야기는 이처럼 완전히 넌센스가 되지만, 전자라면 어떻게 되는가? 전자 위치의 불확정성이 원자의 크기 정도(수 옹스트롬)라고 해 보자. 운동량의 불확정성은 자동차와 마찬가지로 10^{-19}(센티미터 · 그램/초)이지만 전자의 질량은 자동차와 달라서 10^{-27}그램(1그램의 100조분의 1을 거듭 10조로 나눈 것)이다. 이것은 밀감을 지구 정도로 크게 하는 것과 같은 비율로 전자를 크게 하면 겨우 밀감 정도가 된다고 생각하면 된다. 다만 크기가 아니고 무게에 대한 비율이다.

따라서 전자의 운동량의 불확정성은 작지만 속도의 불확정성 쪽은 초속 1,000킬로미터라는 터무니없는 크기가 된다. 전자에 대해서는 속도로 말해도 단번에 와 닿지 않으므로 운동에너지로 환산해 보면 수 일렉트론볼트, 즉 원자핵이 어렵사리 전자를 속박할 수 있을 만큼의 에너지가 불확정이 된다. 즉 전자가 있는 곳을 이것보다도 조금 더 명확하게 하려고 하면 전자는 불확정성의 속도 때문에 원자로부터 떨어져 어딘가로 날아간다는 결과가 되어 버린다. 이러한 것 때문에 원자 속에 전자가 수용되어 있기 위해서는 지름이 수 옹스트롬의 원자 속의 어디에도 부분적으로 존재하고 있지 않으면 안 되는 것이고, 오른쪽 위라든가 왼쪽 아래라든가 원자 중의 특정 부분에 위치하고 있다는 식으로 단정할 수는 없다.

원자 모형

19세기 말부터 20세기 초에 걸쳐서 분광학이라는 학문은 물리학 중 인기 있는 분야의 하나였고 많은 학자가 이에 관여했다. 분광학이란 알기 쉽게 말하면 다가오는 빛을 프리즘(실제로는 더 정밀도가 좋은 회절격자)을 사용해서 어떠한 파장의 것이 섞여 있는가 측정해 주는 학문이다. 그러나 이러한 조사로 빛 그 자체를 연구하는 것이 주요 목적은 아니다. 파장을 알게 됨으로써 발광체인 분자나 원자의 구조를 추정하려고 하는 것이다. 분광학의 목적은 빛의 성질이 아니고 원자를 간접적으로 연구하는 것이라고 해도 된다.

원자에서 나오는 선스펙트럼에 의존해서 원자 내의 전자가 갖는 에너지의 값을 조사해 가는 경위는 많은 책에 적혀 있고 초기 양자역학의 큰 성과로 되어 있는데, 아무튼 보어가 제시한 결론은 원자 내의 전자의 에너지는 불연속적인 값밖에 취할 수 없다는 것이다.

원자핵을 도는 큰 반지름으로 돌수록 에너지는 높고 반지름이 작을수록 에너지가 낮다. 에너지가 불연속이므로 원운동을 하는 전파의 궤도도 당연히 불연속이다.

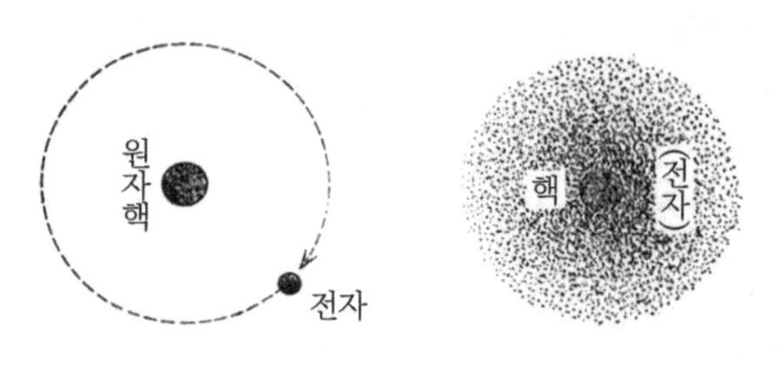

그림 12 | 보어의 수소원자 모형(왼쪽)과 전자의 상태(오른쪽)

전자는 정해진 반지름으로 핵을 돌고, 작은 반지름의 궤도로 이동할 때 빛을 낸다고 하는 것이 보어 · 조머펠트의 원자 모형이고 이러한 형태로 분광학과의 사이에 이치를 맞출 수 있었던 이론을 전기(前期) 양자역학이라고 한다. 뒤에 상세히 언급하겠지만 보어를 수반으로 하는 코펜하겐 그룹의 획기적인 연구의 선구로 되어 있다.

원자 속의 전자

그러나 보어의 이론은 너무나도 지나치게 모형적이다. 중심에 원자핵이 있고 그 주위를 전자가 빙빙 돌고 있다고 하는 것은 아무리 그렇지 않다고 생각해도 하찮은 이야기다. 아무리 분광학과 잘 맞는다고는 하지만 정말 이러한 것으로 괜찮은가라는 의문은 당사자인 보어조차도 갖고 있었다.

원자 모형의 변경을 맨 밑바닥으로부터 강제(強制)한 것은 1927년의 하

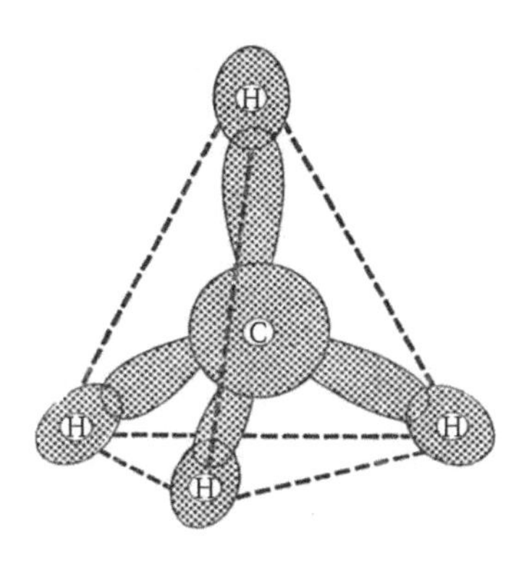

그림 13 | 메탄분자의 구조

이젠베르크에 의한 불확정성 원리다. 앞에서도 언급한 것처럼 전자는 원자 속의 어디에라도 있지 않으면 안 된다.

그렇다고는 하지만 반지름 1옹스트롬 정도의 구 안에 완전히 같은 농도로 존재하고 있는 것은 아니다. 아무리 불확정이라도 어느 부분에는 많이 존재하고 어느 언저리에는 적게 떠돌고 있는가는 판명되어 있다. 이 농담의 정도를 나타내는 것이 앞에서도 잠깐 언급한 함수 $\psi(r)$이고 이것은 양자역학(전기 양자역학이 아니고 그 후에 발전한 파동역학)을 풀어서 구해 줄 수 있다.

상세한 연구에 따르면 수소원자에서 전자는 원자핵 주위에 구석구석까지 존재하고 있으나 존재의 정도를 나타내는 구름은 중심에 가까울수록 짙고 핵으로부터 떨어짐에 따라 엷어져 가며 먼 장소에서는 차츰 없어져 간다. 헬륨원자에는 2개의 전자가 있는데 2개 모두 핵의 주위에 고르게 존재한다(즉 방향성을 갖지 않는다).

하지만 탄소원자 등에서는 상당히 느낌이 달라진다. 탄소는 다른 원소(또는 탄소끼리)와 결합해서 분자나 결정을 만드는데 이때 2개의 전자는 핵의 주위에 구석구석까지 존재하지만 다른 4개의 전자는 핵으로부터 4개의 방향으로 대칭적으로 가늘고 길게 튀어나와 있다. 정확히 원자핵이 정4면체의 중심에 있고 전자는 4개의 꼭짓점 방향으로 뻗어 있는 셈이다.

전자구름과 다른 전자구름이 겹치면(이러한 것을 overlap이라 한다) 여기에 강한 인력이 생긴다. 마이너스의 전기끼리이므로 반발력이 될 것 같지만 양자역학적인 계산에 따르면 반대로 결합한다. 그래서 탄소원자는 다른 원자의 4개의 전자와 결합하는 능력을 가지고 있다. 화학에서는 이러한 것을 '탄소는 4가(價)의 원자다'라고 말한다.

〈그림 13〉은 그 4개의 전자가 모두 수소원자와 결합한 것, 즉 메탄분자다. 다만 전자의 존재 범위는 그림에 곡선으로 에워싼 것처럼 명확하게 되어 있는 것은 아니다. 전자의 존재 영역을 보기 쉽게 하기 위해 일부러 선으로 에워싼 것이다.

중간자의 발견

원자핵 속에서 양성자와 중성자는 서로 강력하게 결합하고 있다. 방금 전에 언급한 것처럼 탄소와 수소의 결합과 같은 화학적인 힘은 에너지로 고치면 수 일렉트론볼트 정도인데 양성자나 중성자[이것을 총칭하여 핵자

(核子)라고 한다]의 결합력은 이것의 100만 배다.

유카와 히데키 박사는 이 힘을 설명하기 위해 핵자는 서로 중간자라는 입자를 주고받고 있는 것으로 생각했다.

전기를 띤 것끼리나 자석과 자석 사이에는 힘이 작용하는데 소립자론의 연구에 따르면 이 물체는 번갈아 광자를 보내고 있다. 핵력(核力)이라는 것도 결국은 입자의 주고받음이라 하고 광자 대신에 중간자를 제창했다.

'중간자'라는 이름은 질량이 전자와 핵자의 중간이므로 이렇게 붙여진 것인데 아직 본 일이 없는 이 입자의 질량이 도대체 어떻게 해서 예측되는가?

그 전에 중간자의 행동을 생각해 보자. 광자는 전자로부터 튀어나와 전자에 흡수된다. 중간자 쪽은 핵자로부터 나와서 핵자로 들어간다. 광자는 전자와 전자 사이를 연달아 여행하지만(실제로 별에서 별로 우주 공간을 여행하는 광자도 있다) 중간자를 발사 및 흡수하는 핵자는 같은 원자핵 속에 들어앉아 있는 것이다. 그래서 중간자의 여행 거리는 훨씬 짧고 수명도 매우 짧다.

중간자가 핵자에서 핵자로 달리는 속도는 광속도와 같은 정도일 것이다. 핵자의 간격은 기껏해야 원자핵의 크기 정도, 즉 10^{-13}센티미터(1센티미터의 1조분의 1 거듭 10분의 1)의 수 배 정도다. 뾰족한 바늘 끝의 극히 일부를 꺾어(눈에 보일까 말까 할 정도) 이것을 지구 정도로 확대하는 것과 같은 비율로 원자핵을 크게 해 주면 원자핵은 근근이 바늘의 끝 정도가 된다.

앞에서는 전자의 무게를 비유하는 데 밀감과 지구의 예를 들었는데, 원자핵의 크기를 문제로 할 때는 더 작은 바늘 끝과 지구와의 비율로 표현하지 않으면 안 된다. 이 짧은 거리를 중간자는 맹렬한 속도로 달려 버리는 것이다.

중간자의 수명은 더 짧아서 10^{-23}초(1초를 1조로 나누고 거듭 1천억으로 나눈 것) 정도이고 감각적으로는 짐작이 가지 않는다.

중간자의 질량도 불확정성 원리에서

여기서 '질량이란 에너지이다'라는 것을 인정해 주기 바란다. 아인슈타인의 상대성 이론에 따르면 질량(m)은 그대로 에너지(E)이고 양쪽 사이에

$$E = mc^2$$

이라는 관계가 있다. c는 빛의 속도다. 그러면 1그램의 돌은 10^{21}에르그, 즉 수백억 킬로칼로리라는 터무니없는 에너지를 말하는 것인가? 이치로 말하면 그렇다. 단지 우리가 갖고 있는 기술로는 돌을 없애고 큰 에너지를 얻는다는 방법이 개발되어 있지 않을 뿐이다. 우라늄이나 중수소와 같은 특별한 물질에 핵반응을 일으켜 질량을 반응 전보다도 약간 감소시킴으로써 큰 에너지를 끄집어내는 정도가 현재의 인간이 이룩할 수 있는 (질량) → (에너지)의 변환이다.

질량은 에너지다. 그렇다면 중간자를 발생시킨다는 것은 터무니없이 큰 에너지를 만들어 낸다는 것이 아닌가.

확실히 중간자의 출현은 큰 에너지가 홀연히 발생한 것에 상당한다. 물리 법칙의 기본원리인 에너지 보존 법칙은 이것을 묵묵히 보고만 있어도 되는 것인가.

다행히 불확정성 원리라는 것이 있다. 중간자의 수명은 불과 일순간이다. 바꿔 말하면 중간자가 존재한 시각은 아주 정확히 지적할 수 있다. 이 시간(앞에서의 10^{-23}초)을 $\Delta E \cdot \Delta t = \hbar$의 Δt 부분에 대입해 보면 ΔE는 극단적으로 큰 값이 된다. 그 정도로 큰 에너지가 순간적으로 존재해도 상관없는 것이다. 언제까지나 그러한 큰 에너지가 있어서는 곤란하지만 일순간이기 때문에 허용되는 것이다. 이 큰 ΔE를 $\Delta E=mc^2$의 식에 넣어 보면 질량 m은 전자의 2백 배에서 3백 배 정도가 된다.

실제로 양 및 음의 전기를 가진 파이 중간자(π^+ 및 π^-라 적는다)의 질량은 전자의 273배, 전자를 갖지 않는 파이 중간자(π^0)의 질량은 전자의 264배인데 불확정성 원리만으로부터 파이 중간자의 질량은 대충 짐작이 간다.

1935년에 유카와 박사가 중간자론을 발표하고 나서 2년 후, 마침 세계 여행 중인 보어가 일본에 들렀다. 이때 보어는 중간자론에 매우 냉담하여 "당신은 그렇게도 새로운 입자를 좋아합니까?"라고 유카와 박사에게 반문했다고 한다.

얄궂게도 이러한 대화를 한 다음 몇 개월도 지나기 전에 앤더슨 등에 의해서 우주선(宇宙線) 안에서 중간자가 발견되었다. 절충이라는 태도만으로는 어쩔 도리가 없는 일이 있다는 것의 예 중 하나일 것이다.

악마는 소생하지 않는다

이제까지의 논의를 가령 라플라스의 악마가 듣고 있었다면 무어라 말할까. "인간이란 그 정도야. 나로서는 눈을 감고 있어도 모든 것을 내다본다"라고는 말하지 않을 것이다.

라플라스의 악마라고 해도 인간이 생각해 낸 것이다. 인간이 믿을 만하다는 악마는 당연히 인간과의 사이에 무언가의 교섭을 갖는 것이 아니면 안 된다(예컨대 대화의 주고받음이라든가, 악마로부터 신호를 받는다든가). 즉 악마를 통해서 인간이 자연현상을 지각했다고 해도 인간은 역시 자연과—간접적으로—서로 작용을 미치고 있는 것이다.

가령 라플라스의 악마가 자연을 조금도 흐트러뜨리지 않고 관측할 수 있다고 말을 꺼내도 이것은 인간—아무튼 우리처럼 의식을 갖는 존재—으로서는 전혀 관계없는 일이다. 그러한 악마는 공허한 관념적 소산에 지나지 않는다.

예컨대 더 수준 높은 악마가 있어, "사실 당신들 두 사람의 변명을 듣고 있으면 역시 인간 쪽이 잘못되어 있어"라고 재정(裁定)했다 해도 이것 또한 우리에게는 모두 횡설수설임에 틀림없다. 이 악마 대 인간의 주장은 평행선을 걸어가고 있을 뿐이고 양쪽 사이에 조금도 교차하는 부분이 없기 때문이다. 구름 위에 천국이 있다고 주장하는 사람과 그러한 것은 믿지 않는다고 버티는 사람과의 서로 결말이 나지 않는 논쟁과 같은 것이다. 인간이 믿는 악마란 인간과 마찬가지로 생물로서 관측을 행하고 우리와 마찬가지

논리를 사용해서 물리학을 만들어 내는 생물이다.

그런데 당구의 흰 공은 현재의 위치도 속도도 알고 있으므로 그 후의 당구대 위에서 어떠한 현상이 진행되는가는 확정되어 있다. 그런데 전자에 충돌하는 빛은 운동량이 명확히 되어 있으면 위치는 애매하다. 그래서 이 것이 전자에 충돌할 수 있는지 어떤지 보증할 바가 아니다. 만일 전자에 부딪혔다 해도 이 순간의 빛의 운동량은 정할 수 없으므로 충돌 후의 전자는 도대체 어느 쪽에 얼마만큼의 속도로 튕기는지 누구도 모른다.

누구도 모른다의 '누구' 안에는 실은 라플라스의 악마도 들어가 있다(라플라스의 악마도 현실계(現實界)에 사는 일원으로서 인정하는 이상은). 아무리 작은 입자라도 그들의 상호작용—알기 쉽게 말하면 충돌—의 구조를 끝까지 알고 있는 것이 라플라스의 악마다. 그런데 운동량이 확정되어 있는 입자의 위치는 단적으로 말하면 '없다'이다. 즉 위치라는 것을 생각해서 좋은지 나쁜지 그 보증을 전혀 얻을 수 없다. 반대로 만일 위치가 명확하게 되어 있으면 그 입자는 운동량이라는 성질을 소유하고 있지 않다. 아무리 라플라스의 악마라 해도 지금 어느 방향으로 어느 정도의 속도로 달리고 있는지 도무지 알 수 없는 것에 대해서 미래를 예언하라고 해도 어쩔 수 없을 것이다. 입자의 수가 아무리 많아도 충돌의 메커니즘이 아무리 복잡해도(예컨대 5중 충돌이라도, 23중 충돌이라도) 라플라스의 악마는 뒤로 물러서지 않는다. 그러나 역학의 필수조건인 위치와 속도(또는 운동량)의 한쪽이 완전히 없다 또는 쌍방 모두 불명료하다는 것이 되면 완전무결이라 생각하던 초인적인 악마도 수수방관하게 된다. 이리하여 인과율은 원자의 세계에서는 커다란 혁신에 직면했다.

앞에서 인과율이 완전히 존재하기 위해서는 ① 모든 입자의 초기 조건(어떤 순간의 입자 위치와 운동량)을 완전히 알고 있을 것과 ② 입자 간의 충돌 상황이 100% 정확히 예측 가능한 것이 필수조건이라고 말했다. 그리고 양자물리학이 대두하기까지는 ①도 ②도 원리적으로는 판명되는 것이라 믿어 왔다. 바꿔 말하면 라플라스의 악마는 어딘가에 존재하고 있다고 확신하고 있었다.

그런데 불확정성 원리에 따라 ①은 물론이려니와 ②도 성립하지 않게 된 것이다. ①의 위치와 운동량이 동시에는 결정이 되지 않는 것은 $\Delta x \cdot \Delta p = \hbar$의 식 바로 그것이다. 또 ②의 충돌—거듭 일반적으로 말하면 상호작용—은 물리법칙으로서는 얼핏 보기에 확고한 것 같지만 결과는 확률적으로밖에는 결정되지 않는다. 파동으로서의 성질을 가진 빛이 달려가서 전자에 부딪힌다는 것이 된다면 당구를 상상할 수는 없다. 자칫 잘못하면 부딪히지 않을지도 모른다. 결국 ①의 불확정이 ②의 부정확으로 그대로 이어지는 것이 되고 ①과 ②를 분리해서 생각할 수는 없게 된다. 이리하여 자연계의 현상의 추이는, 이것을 가만히 보고 있는 인간이 아무리 버둥거려도 확정된 결론에 도달할 수는 없는 것이 된다.

5장

둔갑술과 불확정성 원리

판타지, 옛날과 지금

오늘날에는 텔레비전이나 드라마를 통해서 어린이들의 공상이나 모험심을 부추기는 소재는 부족함이 없는 것 같다. 갖가지 형태의 괴상한 짐승들, 그것을 퇴치하는 초인간이나 원자무기, 하늘을 나는 원반이나 우주 패트롤, 방사능에 의한 동물의 돌연변이나 태고의 파충류 등이 차례차례 등장한다.

1920년 후반 무렵은 영화와 잡지가 어린이들에게 지식 공급의 주된 매체였는데 공상물도 제법 눈에 띄었다. 어느 세상에서도 어린이는 공상 또는 현실에서 동떨어진 세계를 좋아한다는 것이겠지만, 현재의 폭넓은 상상의 세계에 비하면 옛날은 버라이어티가 부족하고 등장하는 동물이나 과학 기계도 상당히 한정되어 있었던 것 같다.

지금은 전쟁이라고 하면 지구 대 다른 우주인이지만 과거의 전쟁은 A국과 B국의 싸움이었다. 우주선은 없었지만 하늘을 나는 군함을 상상하고 고릴라를 비롯한 허다한 괴상한 짐승에 상당하는 것으로서 킹콩이 나타나고, 울트라맨이나 슈퍼맨에 해당하는 것으로서는 황금 배트 등이 활약했다.

이처럼 현재와 비교하면 약간 미흡하기는 한데, 옛날 어린이들의 공상 세계 중에서 가장 흥미를 끈 것 중 하나로 둔갑술이 있다. 권축(卷軸)을 입에 물고 왼손의 집게손가락을 오른손으로 쥐고 거듭 오른손의 집게손가락을 세우고 무언가 주문을 외우면 발밑에서 연기가 올라와 모습이 사라지는 장면은 제법 모양새가 좋았다.

자기 집 광 속에서 낡은 권축을 찾아낸 어린이가 이것이야말로 둔갑술의 도구라고 굳게 믿어 입에 물고 성호를 긋고 2층 창에서 뛰어내렸다가 다리에 골절상을 입었다는 기사가 신문에 실린 적도 있었다. 아무튼 갑자기 모습이 사라지는 것은 어린이들에게는 커다란 꿈이었다.

둔갑술에 대해서

둔갑술이란 실제로는 상대방의 눈을 속이는 것인데, 여기서는 예전의 영화처럼 자기의 모습을 없애 버리는 것에 대해서 생각해 보자. 즉 투명인간이 되는 것이다. 가령 투명인간이 되는 것이 가능하다고 한다면 다음과 같은 두 가지 경우를 생각할 수 있다.

① 인간의 신체는 투명이 되지만 어디까지나 광학적인 의미에서 투명으로 될 뿐이고 실체는 인간으로서의 활동을 한다. 그래서 1미터밖에는 뛰어오를 수 없었던 사람이 투명인간이 되었다고 해서 갑자기 높은 담을 타고 넘는 곡예는 할 수 없다.

② 둔갑술을 사용한 바로 그 순간에 모습도 보이지 않게 되지만 행동도 초인적(초물질적?)이 된다. 문을 열지 않고 자유로이 그냥 지나갈 수 있고 칼부림을 해도 허공을 벨 뿐이다.

대부분의 독자도 어린 시절에 '만일 둔갑술을 사용할 수 있다면'이라든가 '가령 자기 모습을 없애는 것이 가능하다면'과 같은 공상을 한 것은 아닐까. 필자도 많이 생각했다. 거듭 그렇게 된다면 ①처럼 되는가 ②처럼 되는가, 틈만 있으면 임의대로 상상을 하며 시간을 보냈다.

어차피 불가능한 이야기이므로 ①이든 ②이든 자신이 좋아하는 쪽으로 생각하면 그만이지만 어린이 마음에도 과학이 있었는지 ②의 경우가 너무나도 넌센스인 데 비해서 ①은 제법 현실성이 있을 것 같은 느낌이 들었다. 설화에 나오는 투명인간은 ①이 많고 희극영화에서 둔갑술을 쓰는 사람은 ②가 되는 것 같다.

투명인간

그렇다면 본인이 혼자서 살짝 투명인간이 되는 약을 발명했다고 하면 ①의 경우가 되는 것일까. 이 종류의 투명인간도 옛날부터 영화나 그림, 연극에 등장하고 있다. 신체가 투명하기 때문에 보통 때는 장갑을 끼고 얼굴 전체에 붕대를 감고 있다. 붕대를 풀고 옷을 벗으면 그다음에는 아무것도 보이지 않는다(②의 경우에는 둔갑술과 동시에 옷까지 없어져 버린다).

SF 작가로서 유명한 H. G. 웰스『투명인간』에서는 이 언저리의 부분을 상당히 과학적으로 설명하고 있다. 이에 따르면 인간의 뼈도 살도, 손톱도 모발도 신경도 대부분이 투명물질이고 실제로 색깔이 붙어 있는 것은 혈액의 적색과 모발의 흑색 색소 정도라고 한다.

그런데도 신체가 투명하게 보이지 않는 것은 오히려 빛에 대한 굴절률의 차이가 크게 작용하고 있다고 언급하고 있다. 굴절률이 다른 두 가지 물질의 경계면(예컨대 공기와 유리, 유리와 물)에서 빛은 반사되기 쉽고 또 침투해 가는 빛도 거기서 구부러진다. 이러한 경계면이 몇 겹이나 있기 때문에 결국 우리는 거기에 물질이 있다고 판단한다. 인체는(인체에 한정되지 않고 동물의 몸은 일반적으로) 빛을 흡수하기보다는 오히려 굴절, 산란한다. 그래서 그것을 없애면 된다고 하는 것 같다. 1매의 판유리는(얼음도 마찬가지이지만) 투명하지만 잘게 분쇄하면 하얀 가루처럼 된다. 그렇다고 해서 유리의 투명으로서의 성질이 상실된 것은 아니다. 분말상이 되었기 때문에 공기와의 경계면이 마구 증가하고 이 때문에 빛이 난반사하는 것이다.

이것을 투명으로 하기 위해서는 경계면을 줄이면 된다. 젖빛 유리의 요철이 있는 면에 셀로판테이프를 붙이면 투명으로 돼 가는 것도 마찬가지 이치다. 또 종이의 분자 사이를 기름이 메워 버리면 종이가 투명으로 돼 가는 것도 마찬가지 사정이다. 거듭 색소는 화학적 처리로 탈색해 버린다…….

어떠한 방법으로 투명해 보이는가는 그토록 자신만만하던 웰스도 언급하고 있지 않은데 아무튼 이러한 식으로 설명하면 투명인간도 반드시 불가능한 것은 아니라는 느낌이 든다.

하지만 데라다 도라히코는 그의 수필에서 가령 완전한 투명인간이 완성된다 해도 투명인간 자신이 다른 것을 볼 수 없게 돼버린다는 것을 지적하고 있다. 물체를 보기 위해서는 아무래도 안구의 가장 앞에 있는 수정체라는 렌즈로 시신경에 빛을 모으지 않으면 안 된다. 빛을 안구 속에서 굴절시켜 주는 바로 그것 때문에 외계가 보이는 것이다. 빛이 굴절하면(가령 투명제라 해도) 다른 사람이 알아차린다. 즉 데라다 도라히코는 이쪽에서 저쪽이 보일 때는 반드시 저쪽에서 이쪽도 보이지 않으면 안 된다는 것을 강조하고 있다.

이 점은 투명인간을 이론적으로 창조함에 있어서 가장 형편이 나쁜 부분일 것이다. 다만 투명인간이 될 때는 훈련이나 약품으로 시신경을 몹시 발달시킨다. 그리고 아주 약간의 빛으로도 물체가 보이도록 한다. 굴절하는 빛을 최소한으로 억제하여 어지간히 주의하지 않으면 안구에 의한 빛의 굴절은 알아차리지 못한다……는 식으로 해 주는 것은 가능할 것이다. 빛의 상호성이라 해도 증인이 용의자를 들여다보는 반투명의 거울이나 창가의 문발 등은 용의자나 옥외는 보여도 반대로 그쪽에서 이쪽은 들여다보이지 않는다. A에서 B로 빛이 진행하면 반드시 B에서 A로도 빛은 진행하지만 그 부분은 빛의 양으로 조절해 준다. 용의자나 옥외는 밝지만 반대쪽이 어두우므로 결과로서는 일방통행처럼 된다.

투명인간도 이런 의미에서는 완전하다고는 할 수 없으나 그런대로 조리가 서지 않는 이야기는 아니다. 그래서 자기도 투명인간이 되었으면…… 하고 공상은 부풀어 간다.

공상과 물리법칙

아무튼 ①의 경우에서 생각한 투명인간은 ②처럼 둔갑술을 쓰는 사람이 아니므로 상당히 리얼하다. 자기 모습은 보이지 않는 것이므로 미운 놈의 머리를 탁 하고 때리는 것도 가능하다. 막대기를 번쩍 들면 막대기만 공중에 뜨는 형태가 된다. 이 때문에 언제라도 바로 막대기를 던져 버릴 준비는 필요하겠지만…….

신체가 투명이라고 해도 실체는 틀림없이 존재한다. 그래서 소리를 내지 않도록 조심하지 않으면 안 된다. 밟으면 삐걱 소리가 나는 복도 같은 곳은 가장 위험하다. 또한 모래밭, 눈이 쌓인 광장 등도 금물이고 페인트, 에나멜류는 피하지 않으면 안 된다. 그 밖에 차도를 건너갈 때 상당한 주의가 필요하다. 또 자물쇠로 잠그는 방 등에는 깜빡해서 갇히지 않도록 하지 않으면 안 된다.

갖가지 위험은 있으나 자기가 만일 투명인간이 된다면…… 하는 것은 누구라도 한번은 생각해 본 적이 있는 것은 아닐까. 만일 없어질 수 있다면 무엇을 해 볼까……라는 것이 되면, 그로부터 다음은 변변한 일은 생각하지 않는 것이 보통이다. 자기만이 모습을 없애는 술수를 가지고 있다는 비밀을 최대한으로 이용해서 국가, 사회를 위하여 크게 일하자고 상상할 만큼 인간은 고상(?)하지 않은 것 같다. 공상의 세계에까지 딱딱한 이야기를 가져와서는 인간이 긴장을 풀 틈이 없다.

투명인간이 되는 것은 제법 만족스럽지만 평생을 그대로 있으라고 한다면…… 필자는 거절할 생각이다. 사회생활의 테두리 밖으로 나와서 일생을 고독하게 끝마친다는 것은 도저히 견딜 수 없는 일이다.

투명인간에 대해서 장황하게 언급했는데 ①의 경우와 ②의 경우를 과

미운 놈 머리를 탁 하고 때린다

학적인 입장에서 비교해 보고 싶었기 때문이다. 둔갑술이라는 것은 어차피 꾸며낸 일이라 말해 버리면 그만이지만 굳이 생각해 보면 ②보다도 ① 쪽이 훨씬 과학적이라는 느낌이 든다.

그러나 여기서 '과학적'이란 어떠한 것인가라는 질문을 받으면 약간 이야기가 번거로워진다. ② 쪽이 넌센스이고 ① 쪽이 감각적으로 딱 와 닿는다는 느낌이 들지만, 그렇다면 그 이상의 설명을 하라고 하면 당황하지 않을 수 없다. ①과 같은 투명인간을 만들기 위해서는 경계면의 감소, 색소의 탈색 등 갖가지 노고가 필요한데 오히려 ②의 경우가 설명은 간단하다.

불확정성 원리가 더 강하게 힘을 발휘한다면 즉 플랑크 상수 h가 훨씬 크다면, ②와 같은 사태는 일어날 수 있다. 인간이 칸막이를 꿰뚫고 저쪽으로 쑥쑥 빠져나간다는 것은 마이크로의 세계에서는 일상적인 다반사다. 불확정성 원리를 개개의 입자에 대해서가 아니고 입자가 모여든 물질 속으로 가져오면 어떻게 되는가, 그 한 예로서 읽어 주었으면 한다.

매몰되는 불확정성

〈그림 14〉처럼 좌측으로부터 운동에너지 $K = mv^2/2$으로 구슬이 달려왔다. 마찰은 전혀 없는 것으로 하고 마루는 충분히 매끈하다고 생각하자. 만일 구슬이 그대로 미끄럼대의 정상까지 올라가면 그때의 구슬이 갖는 위치에너지는 $E = mgh$가 된다.

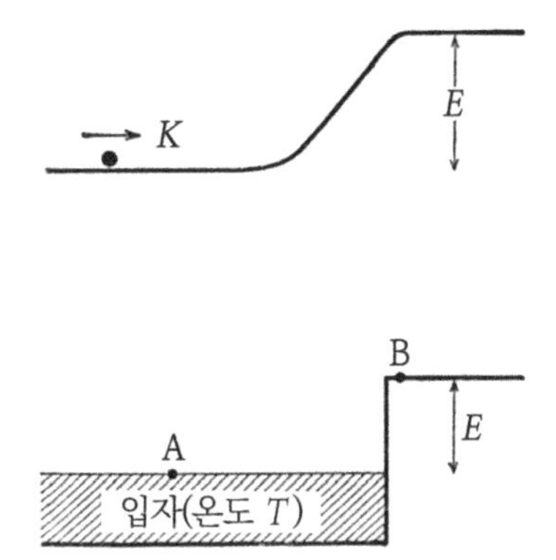

그림 14 | 탈출에너지. 위의 구슬의 경우에는 E는 미끄럼대의 높이에 따라 결정되지만, 아래의 마이크로 입자의 경우에서 E는 입자를 구속하는 에너지다

실제로 구슬이 달려온 기세에 따라서 미끄럼대를 거꾸로 끝까지 올라갈 수 있는지 어떤지는 *K*가 *E*보다 큰지 어떤지에 따른다. 역학의 (또는 에너지의) 가장 초보적인 문제다. *K*가 *E*보다 크면 구슬은 확실히 정상까지 올라가 버리고 *E*보다 작으면 반드시 비탈길 도중에서 후퇴하게 된다.

그런데 이 구슬이 매우 작은 입자—예컨대 분자라든가 전자의 경우에는 사정이 어떻게 바뀌는 것일까. 액체 상태를 이루는 분자라든가 금속 안을 자유로이 움직이고 있는 전자 등을 생각해 보자.

금속 안의 전자에서는 3장에서 설명한 일함수가 *E*에 해당하고, 액체 분자에서는 다른 분자의 인력을 뿌리치고 증발하는 데 필요한 에너지가 *E*이다.

또한 입자의 공간적인 위치가 높은가 낮은가에 따른 에너지는 이때 문제가 되지 않을 만큼 작다. 〈그림 14〉로 생각하면 자못 수면의 분자가 대야의 테두리까지의 높이에 상당하는 에너지를 받으면 언덕을 넘을 것 같은 느낌이 들지만 그러한 것을 그린 것은 아니다. 〈그림 14〉에서 대야의 테두리 높이 E에 상당하는 것은 분자 간 인력이라는 것을 분명히 해 두고 싶다.

이제까지 마이크로한 입자에 대해서 계속해서 모른다를 연발해 왔다. 그러나 입자가 몇백억이나 몇조나 아무튼 천문학적 숫자만큼 모여들었을 때의 집합상태(액체나 금속)에 대해서는 명확히 알고 있는 것이 하나 있다. (절대)온도 T가 그것이다.

액체나 금속 안에서는 천문학적인 수의 입자가 여러 가지 속도(따라서 운동에너지)로 돌아다니고 있다. 그리고 얼마만큼의 운동에너지의 입자가 전체의 몇 퍼센트, 또 이것만큼의 운동에너지의 입자는 몇 퍼센트……라는 것은 실은 개개의 입자의 불확정성에도 불구하고 확정되어 있다. 천문학적인 수의 입자를 평균했기 때문에 개개의 불확정성이 평준화되었다 해도 될 것이다. 따라서 온도—운동에너지의 평균값—는 딱 결정할 수 있다. 마이크로 세계의 불확정성이 매크로한 현상에서는 매몰된다. 이 사정은 다음과 같이 생각하면 알기 쉬울지도 모른다.

불확정성 원리에 따르면 어떤 시각에서의 입자의 운동에너지는 불확정이다. 그러나 하나의 입자가 빨리 달리는 확률, 느리게 나는 확률은 모두 알고 있다. 빠른지 느린지 어느 쪽인가라고 질문을 받아도 대답할 수 없으나 어느 정도의 비율로 빠른가라는 질문에는 틀림없이 대답할 수 있다. 그렇다면 입자의 개수가 매우 많을 경우 몇 개가 빠르고 몇 개가 느리다……는 것이 결정적 사실로서 클로즈업된다. 입자는 뒤엉켜서 날고 있고 충돌을 반복하므로 에너지는 왕성하게 주고받고 하여 그 행방에 대해서는 짐작도 가지 않는다. 그러나 매크로한 입장에서 일괄하여 바라보면, 개개의 입자에 대해서는 전혀 알 수 없으나 전체로서의 경향은 분명하다. 운동에너지에 대한 전체의 경향…… 우리는 이것을 온도로써 감각한다. 이리하여 온도를 결정할 때는 불확정이라는 개념은 파묻혀 버린다고 생각할 수 있다.

물체는 데우면 팽창하고 철사의 양 끝에 전압을 걸면 전기가 흐르며 저기압이 발생하면 그 주위에서는 반드시 폭풍이 된다. 이것들은 자연계의 물리법칙으로서 인과율에 지배되어 있다고 생각해도 된다. 입자의 수가 많은 것이 불확정성 원리를 그 안에 매몰시키고 있기 때문이다.

확률을 어떻게 해석하는가

입자가 〈그림 14〉의 A점에 있다는 것은 그것이 체계 내에 있다는 것이고(분자라면 액체상태, 전자라면 금속의 안) B점에 오면 그 체계로부터 탈출했다는 것을 의미한다(액체라면 증발, 전자라면 열전방출). 또 체계의 온도 T가 클수록, 거듭 탈출에 필요한 장벽 E가 작을수록 입자의 탈출 확률은 커지는데 확률의 값은 T와 E를 알고 있으면 딱 결정된다. 이러한 것에는 의문이 없다.

문제가 되는 것은 그 '확률'을 어떠한 식으로 해석하는가이다. 가령 확률이 1/10이라고 계산되었다고 하자. 그리고 체계 안에는 1,000개의 입자가 있는 것으로 한다(실제로는 입자의 수는 터무니없이 많으나 일을 간단하게 하기 위해서 1,000개로 본 것이다). 여기서 확률의 사고방식으로서 다음의 두 가지 태도가 허용된다(결과는 같지만).

① 1,000개의 10분의 1인 100개가 B점에 오른다.

② 하나의 입자에 주목하면 10분의 1은 체계 밖에 있고 10분의 9는 체계 내에 있다.

①은 보통의 확률적 해석이고 입자를 구슬로 다루고 있다. 즉 체계 밖에서 입자의 존재를 측정해 주면 거기서 100개의 입자가 발견된다는 것을 말하고 있다.

그러나 양자론이라는 것은 원래가 ②와 같은 해석을 하는 것이다. 양자론에서 말하는 입자는 당구공과는 완전히 이질적인 것이어서 렌즈 가득히 확 퍼지거나 금속의 손과 을에 걸쳐서 존재하는 것도 허용되고 있다.

다만 안쪽과 바깥쪽은 그곳에 들어앉아 있는 기분이 상당히 다르다. 안쪽은 마음 편하지만 바깥쪽은 고단하다(높이 E의 산에 오르지 않으면 안 되기 때문에). 따라서 하나의 전자는 9할을 안에, 1할을 바깥으로 하여 드러누워 있다.

밖으로 나온 입자가 그 부근에서 드러누워 있어 주면 좋다. 그런데 온도가 올라가서 금속면으로부터 전자가 계속해서 먼 쪽으로 달려가 버린다면 어떻게 되는가(이것을 열전효과 또는 에디슨 효과라고 한다). 증발한 수증기는 공중 높이 오를 것이다. 그런데도 아직도 하나의 분자의 90%가 바닷속으로, 10%가 하늘 높이라는 묘한 해석을 하는 것인가?

양자역학을 추궁해 가면 아무래도 이 문제에 봉착한다. 그리고 이 패러독스를 극한까지 밀고 가면 '슈뢰딩거의 고양이'의 문제가 돼버린다. 이 이야기는 번거로우므로 다음의 장으로 돌리고, 아무튼 입자는 어떤 확률로 장벽을 기어오른다는 현상을 조사해 가기로 하자.

터널 효과

〈그림 15〉처럼 어떤 높이의 장벽이 있고 그 좌측에는 많은 입자가 있다고 하자. 장벽을 통과해서 우측으로는 좀처럼 가기 어렵다. 하지만 절대로 불가능한 것은 아니다. 어떤 확률로 입자는 장벽을 통과해서(타고 넘는 것은 아니다) 우측으로도 가는 것이다. 이것은 위치라든가 에너지에 대해서 불확정성을 인정한 양자론이기 때문에 나온 결론이고 고전물리에서는 허용되지 않는다.

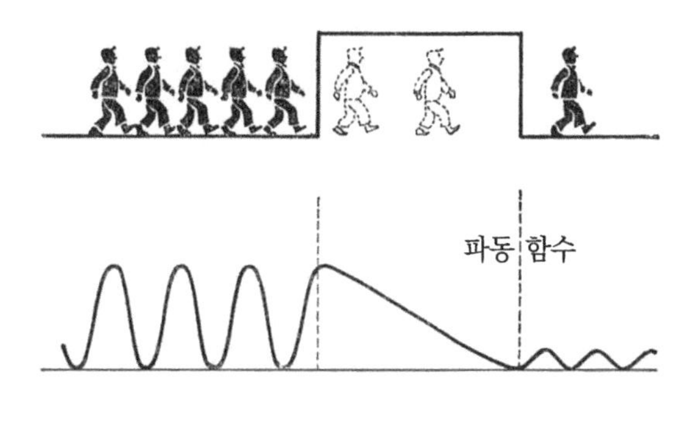

그림 15 | 터널 효과

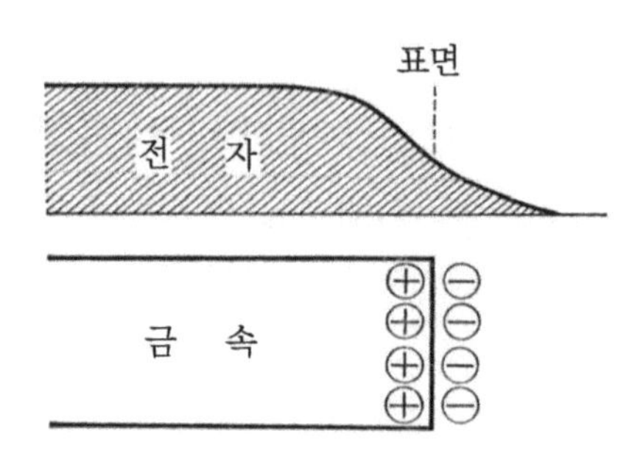

그림 16 | 금속 표면의 전기 쌍극자

일정 수의 입자가 우측으로 간다고 하는 앞에서의 ①을 그림으로 그리면 〈그림 15〉의 위쪽 그래프가 된다. 하나의 입자가 왼쪽에 많고 오른쪽에 적고, 즉 ②를 그리면 아래쪽이 된다. 이 경우는 파동의 형태로밖에 그릴 수 없다. 좌측은 큰 파동, 우측은 작은 파동이고 이것이 결국은 하나의 입자(양자)의 거동이다(입자가 이 선을 따라 움직이는 것은 아니다). 4장에서 파동함수 ψ(프사이)를 소개했는데 ψ는 바로 이 파동을 나타낸다.

이처럼 좌측의 입자가 장벽을 통과해 가서 우측으로 다가오는 현상을 터널 효과라고 부른다. 높은 산이 있음에도 불구하고 마이크로한 입자는 그것을 그대로 지나가서 흘러내린다.

이상은 장벽의 우측이 다시 낮아져 있는 예인데 금속의 경우 그 끝에서 장벽이 높아져 있고 그 전방 어디까지 가도 다시 낮아지는 일은 없다. 이때는 전자 중 약간의 부분만 벼랑 위에 올라가 있는 것이다. 이 비어져 나온 몫만큼 그림에서 보는 것처럼 경계면 안쪽에서는 전자가 부족해진 것이 된다. 그래서 금속의 표면에서는 매우 약간이기는 하지만 경계면보다 바깥쪽(즉 공기가 있는 쪽)은 마이너스의 전기가 존재하고(전자가 다소 넘쳐흘러 있으므로) 경계면보다 안쪽(금속의 내부 쪽)에서는 플러스의 전기가 있는 것이 된다(금속의 내부에서는 전자와 이온과의 전기량은 서로 상쇄되고 있지만 표면 부근에서는 플러스 이온의 전기량이 많아져 있으므로).

이처럼 전자의 위치의 불확정성으로부터 금속의 표면에서는 전기 쌍극자(플러스의 전기와 마이너스의 전기가 분리하는 현상)가 존재하게 되는데 이러한 것은 실험적으로 확인되어 있는 일이다.

담 안의 인간

둔갑술을 쓰는 사람처럼 인간이 담을 그대로 지나가는 것은 절대로 불가능하다는 것은 아니다. 다만 아주 작은 확률로밖에는 일어날 수 없다.

가령 높이 10미터의 담이 광장의 둘레를 죽 둘러싸고 있다고 하자. 높이뛰기 능력이 전혀 없는 사람이 안쪽으로부터 담에 부딪힌다. 물론 되튕겨서 엉덩방아를 찧는 것이 고작이다.

그런데 양자론적으로 계산해 보면 어떻게 되는가. 이 사람의 체중을 가령 60킬로그램, 부근은 보통의 온도라 하자. 이때 인간이 담을 술술 빠져나갈 확률은 1을 100…00으로 나눈 것이 된다. 여기에 늘어선 제로의 수는 대략 10^{24}개(단순한 24개가 아니다) 정도가 된다. 1센티미터 폭 안에 제로를 3개 적어서 배열한다고 하면 제로의 행렬은 수십만 광년(육안으로 보일까 말까 하는 별까지의 거리) 정도로 긴 것이 된다. 이만큼의 횟수로 담에 부딪힌다면 혹시 술술 빠져나갈 수 있을지도……라는 것이 터널 효과로부터 유도되는 결론이다.

터널 다이오드

터널 효과는 전자공학의 발전과 더불어 갖가지 현상 속에서 관측되고 또 응용하게 되었는데 직접 터널의 이름을 붙인 것에 터널 다이오드라는 것이 있다.

게르마늄이나 실리콘은 금속처럼 전기를 잘 통하지 않지만 그렇다고 해서 절연체처럼 전혀 전류가 흐르지 않는 것은 아니다. 그래서 이들을 반도체라 하고 트랜지스터의 재료로 사용한다.

반도체를 흐르는 전류는 그 안의 불순물에 좌우되는 바가 크므로 가급적 순수한 물질을 만들려고 많은 사람이 노력했다. 그러던 중 일본의 에사키 레이오나 씨는 차라리 불순물을 많게 하면 어떻게 되는가 거꾸로 생각해 보았다. 그랬더니 불가사의한 현상—전기저항이 마이너스가 된다는, 예상치도 못했던 일이 일어났다.

전압을 올려가면 이에 비례해서 전류가 커진다. 이때의 비례상수가 전기저항이다. 그런데 불순물이 많은 n형 반도체(전자가 넘쳐 있는 반도체)와 역

혹시 빠져나갈 수 있을지도

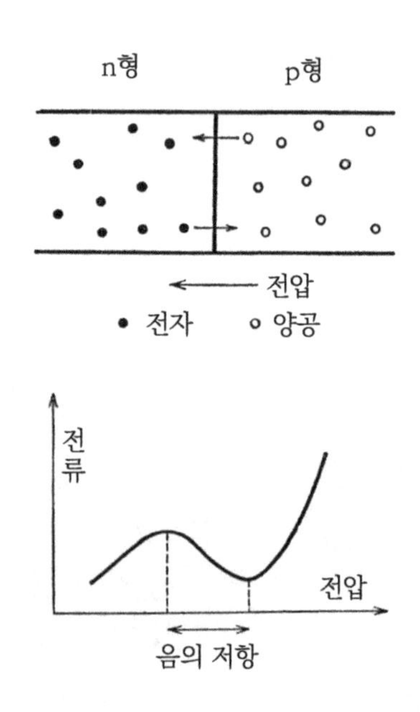

그림 17 | 터널 다이오드

음의 저항의 범위에서는 전압에 거슬러서 이동하므로 전류가 역류하여 고속 스위치가 된다

시 불순물이 많은 p형 반도체(전자가 부족한—전자가 있어야 할 곳에 없으므로 이것을 양공이라고 한다—반도체)를 접촉시켜 이것에 전압을 걸어 주면 처음에는 전류가 증가하지만 〈그림 17〉처럼 전압의 어떤 영역에서 전류는 오히려 감소한다. 이것이 음의 저항이다.

이 부분에서 왜 전류가 감소하는가는 고체 속 전자의 행동을 확실히 계산하지 않으면 안 되지만, 아무튼 전자나 양공이 2개의 반도체의 경계를 지날 때는 거기에 얇은 장벽이 존재하게 된다. 이 장벽 때문에 보통으로 생각한다면 전자도 양공도 이웃의 반도체로 이동할 수는 없을 것이나, 그곳은 터널 효과에 의해서 이동해 간다—즉 전류는 흐른다고 생각한다. 1958년에 에사키 씨가 발표한 것으로 에사키 다이오드라고도 불린다.

전기의 담당자(전자와 양공) 수가 많기 때문에 트랜지스터로서의 동작이 빠르고 넓은 온도 범위에서 사용하는 것이 가능하며 저전압에서 작동할 수 있으므로 소비전력이 적어도 되고, 거듭 보통의 p-n 접합체(接合體)보다도 표면상태로 인한 열화나 잡음이 적다는 등의 이점이 있다.

나중에 전류를 장시간 흘리면 터널 다이오드도 열화한다는 것을 알게 되어 기술적으로는 벽에 부딪힌 느낌이지만 기초적인 이론으로서는 극히 흥미를 가질 수 있는 현상이다.

입자는 벽을 꿰뚫고 나가서

어떤 종류의 금속이나 합금을 매우 저온으로 하면(절대온도로 수도 정도) 전기저항이 완전히 없어져 버리는 현상을 볼 수 있다. 이러한 물질을 초전도체라고 한다. 그런데 2개의 초전도 금속으로 절연체 박막을 사이에 두고 전압을 걸어 주면 터널 다이오드와 마찬가지 현상이 일어난다. 예컨대 (알루미늄)-(산화알루미늄)-(납)의 3층의 샌드위치형으로 하고 중앙의 산화알루미늄의 두께를 15~20옹스트롬(1센티미터의 1억분의 15에서 20, 원자 크기의 수배 정도)으로 하면 수 볼트의 전압일 때 음의 저항을 볼 수 있다. 원리는 터널 다이오드와 같고 전자는 한가운데의 절연체(산화알루미늄)를 터널 효과로 빠져나가는 것이다. 이러한 스위치 소자를 터널 트론이라고 한다.

터널 효과를 일으키는 것은 전자만은 아니다. 예컨대 우라늄 238은 알파 붕괴하여 우라늄 X_1이라는 물질로 바뀐다. 알파 붕괴란 양성자 2개, 중성자 2개 합계 4개의 그룹이 원자핵에서 튀어 나가는 현상이다. 핵자는 서로 강하게 결합하고 있다. 바꿔 말하면 4개의 그룹(이 4개는 단결력이 매우 강하다)이 핵이라는 수용소에서 탈출하려고 해도 주위에 핵력이라는 높은 벽이 둘러싸고 있는 것이다.

그런데 터널 효과에 의해서 4인조 모두 벽을 그대로 지나간다. 다만 이 경우에는 벽이 높기 때문에 전체 원자핵 중의 절반이 탈출하는 데 10억 년 이상이나 걸린다. 퀴리 부인이 발견해 유명해진 라듐으로부터도 이 4인조가 탈출하는데, 이때는 절반이 도망을 끝마치는데 1690년 정도 걸린다.

제로도 수에 들어간다

온도가 높다는 것은 분자나 원자가 빨리 달리고 있다는 것이고 낮은 온도가 되면 속도는 둔화한다. 그리고 모든 원자가 정지된 상태가 절대영도다.

그러면 절대영도에서 원자는 전혀 운동에너지를 갖고 있지 않은 것인가? 운동에너지란 속도의 제곱에 질량을 곱하여 2로 나눈 것이므로 $T = 0°K$에서는 당연히 속도 즉 운동에너지가 제로가 아니면 안 될 것이다.

그런데 실제로는 그렇게 되어 있지 않다. 바로 다음에 언급하는 액체 헬륨을 제외하고 모든 물질은 절대영도에서는 고체로 되어 있으나 절대영도에서도 얼마간의 속도, 따라서 운동에너지를 소유하고 있다.

고체 중의 원자는 자기 주위에 배열되어 있는 다른 원자 때문에 상당히 강하게 구속되어 있다. 수 옹스트롬의 범위에서밖에는 움직일 수 없다. 이것은 원자의 위치가 상당히 확정되어 있다는 것이다. 그렇다면 불확정성 원리에 따라서 운동량 쪽이 불확정으로 되지 않을 수 없다.

원자의 진동속도가 (운동량으로도 운동에너지로도 어느 쪽으로 생각해도 되지만) 제로라는 것은 속도를 딱 정했다는 것이다. 3도, 6도, 2.8도 정해진 수이지만 이것과 완전히 마찬가지로 제로도 정해진 수의 하나다. 불확정성 원리에 따르면 운동량이 정해진 값이 된다는 것은(적어도 위치 쪽이 어지간하게 확정되어 있을 때는) 불가능했다.

불확정성 원리는 뜨거운 장소이든, 차가운 장소이든 그런 것에는 상관없이 성립한다. 이리하여 진동하고 있는 원자는 가령 절대영도에서도 하나의 방향에 대해서 불확정성 원리에 의하여 $h\nu/2$만큼의 에너지를 항상 소유하고 있음이 밝혀졌다. ν는 원자의 진동수이다.

실제로는 원자는 입체적으로(즉 3차원적으로) 진동하고 있기 때문에 온도가 높아도 낮아도 원자 1개당 $3h\nu/2$만큼 여분의 에너지를 갖고 있는 것이 된다. 이것을 영점(零点) 에너지라고 한다.

다만 온도의 영이라는 것은(기술적으로는 도달 불가능이어도) 확실히 정의할 수 있다. 온도란 많은 원자의 운동의 총합적인 결과이기 때문이다. 하나의 원자에만 주목했을 때 위치와 운동량이 불확정의 관계가 된다.

헬륨은 왜 절대영도에서 얼지 않는가?

물질이라는 것은 고온이면 기체, 저온이면 고체이고 그 중간에서는 액체로 되어 있는 것이 보통이다. 얼음, 물, 수증기의 예를 생각해 보면 잘 알 수 있다.

그런데 헬륨 가스는 차츰 냉각해 가면 절대 4.2도에서 액체로 되지만 그다음은 아무리 온도를 내려도 고체로 되지 않는다. 하지만 절대 2.18도보다 저온에서는 초유동 상태라 하여 용기 속의 액체 헬륨이 기벽을 기어올라 저절로 밖으로 흘러나간다……는 불가사의한 성격을 나타내 보이는데 그것은 하여간에 최후의 최후까지 고체로 되지 않는 유일한 물질이다.

왜 고체가 되지 않는가는 불확정성 원리로부터 개략적으로 설명할 수 있다.

고체를 구성하고 있는 원자는 주위의 원자 때문에 이웃으로, 거듭 그 이웃으로 이동해 가려고 해도(간단히 이동할 수 있으면 그 물질은 고체가 아니고 액체이다) 이웃의 원자로부터의 인력이라는 장벽 때문에 넘어갈 수 없다. 따라서 부득이 울타리 안에서만 진동하고 있다. 즉 결정을 만들고 있는 것이다.

그런데 헬륨원자는 상호작용이 매우 작다. 바꿔 말하면 울타리가 매우 낮다. 다만 이것만으로는 절대영도에서 액체로 되어 있는 이유가 되지 않는다.

헬륨원자는 매우 가볍다. 가벼운 것일수록 관측의 영향을 받기 쉽고 불확정성 원리는 현저하게 효과가 있다. 헬륨에서는 영점에너지가 울타리보다 높다. 그래서 배열하여 결정을 만들려고 해도 영점에너지가 구속력보다 커서 원자는 이쪽저쪽으로 움직인다. 즉 액체로 되어 있다.

더 알기 쉽게 말하면 헬륨원자는 질량이 작기 때문에 위치의 불확정성이 크고 한군데에 머물러 있을 수 없다고 말해도 일단 설명은 될 것이다.

그러나 수소분자 H_2는 헬륨보다 가볍다. 그런데도 왜 수소는 고체가 되는가.

수소는 2원자 분자이기 때문에 회전이라는 메커니즘도 고려하지 않으면 안 되고 거듭 분자끼리의 결합도 헬륨보다 강하다. 이 때문에 수소는 가장 저온에서 고체가 되는 물질의 하나이지만 헬륨처럼 절대영도까지 액체 그대로 있을 수는 없다(응고점은 절대 14도).

모든 것이 조용해져 있는 죽음의 세계—이것이 절대영도의 세계라고 생각한 것은 고전물리였다. 불확정성 원리는 그 세계의 이미지를 완전히 바꿔버렸다고도 말할 수 있다.

6장

슈뢰딩거의 고양이

낯선 사람

초등학교에서도 중 · 고등학교에서도 학급 동료의 성격은 1년 정도 친하게 지내면 대충은 알 수 있다.

산수에 강한 사람, 국어를 잘하는 학생, 스포츠의 챔피언, 소심한 사람, 신중한 사람, 뻥쟁이, 게으름뱅이, 장난꾸러기 등 정말 각양각색이다. 천차만별이기는 하지만 1년이나 공동생활을 하고 있으면 누가 어떤 성격인가, 그는 이러한 성격이다 정도는 파악된다.

그 학급에 태수라는 전학생이 들어왔다고 하자. 누구도 태수의 인품에 대해서는 모른다. 최초의 2~3일은 아무래도 미심쩍은 눈으로 보게 된다.

그런데 이 태수의 성격을 표현하려면 어떻게 하면 될까. 도무지 알 수 없으므로 쓸 방법이 없다고 말하면 이야기는 진전되지 않는다. 인간의 성질은 정직이라든가, 노력가라든가, 성급하다든가, 명랑하다든가, 그 밖에 무엇이든 말로(정확히 말하면 개념으로) 표현할 수 있다. 그러므로 미지의 태수에 대해서는 이러한 각양각색의 성질을 무엇이든 모두 소유하고 있을 가능성이 있다고 말한다면 어떨까.

얼핏 보기에 모순되는 것 같지만 태수의 용기를 시험해 보기 전에는 태수가 용기 있는 자인 동시에 비겁자라고 해 주는 것이다. 또 정직하다는 요소도 갖고 있는가 하면 거짓말쟁이라는 면도 소유하고 있다는 식으로 이야기를 조립해 둔다.

실제로 인간에 대해서 이러한 표현법을 사용하는 것이 올바른 것인지 어떤지는 매우 의심스럽지만 인간이 아니고 원자나 전자의 이야기에서는 이러한 방법으로 사물의 상태를 표현하는 것이 오히려 타당하다. 물리적 대상은 측정하기 이전에는 여러 가지 가능성을 모두 함께 갖고 있다고 하지 않으면 안 된다.

예컨대 눈앞에 있는 전자는 그 작은 자석이 (이것을 스핀이라 한다) 상향과 하향의 양쪽 성질을 갖고 있다는 것처럼 기술한다. 달려온 빛이 칸막이에 뚫린 2개의 구멍 A와 B를 그 양쪽을 동시에 통과한 것처럼 적어둔다. A, B, C…… 등이 서로 모순되는(또는 양립하지 않는) 것 같은 사항이라도 상태라는 것은

$$\psi = c_1 \psi_1 + c_2 \psi_2 + c_3 \psi_3 + \cdots\cdots$$

처럼 적는다. ψ_1이란 스핀이 확실히 상향이라든가, 빛은 확실히 구멍 A를 통과했다든가의 확실한 상태를 말하고 이러한 확실한 사항에 적당한 계수 c_1, c_2 등을 곱해서 더한 것의 ψ를 측정하기 이전의 상태라 생각하는 것이다. 이러한 수학적인 방법이 마이크로의 세계의 상황을 나타내는 데 가장 멋진 방법이라 되어 있고 이 사고방식이 양자역학의 기초로 되어 있다.

측정이란 무엇인가

전학 온 태수는 어느 날 학급의 망나니로 자타가 모두 인정하고 있는 개구쟁이를 찍소리도 못하도록 혼내주었다. 이 순간에 태수의 성격 중 c_1 ×(용기)+c_2×(겁쟁이)에서 c_1은 1로 c_2는 제로가 된다. 이처럼 '조사해 본다', '측정한다'라는 것은 수학적으로 각양각색의 성질의 것을 더해서 합친 식 중에서 특정의 항만을 클로즈업해서 다른 항을 제로로 해 버린다는 것이다. 측정이라는 조작을 대상물에 시행했기 때문에 이제까지 다양한 성질로 표현되어 있던 것이 특정의 항으로 정리된다. 카메라를 들이댄다는 조작이 상대방의 심리를 교란하여 위축시키는 것과 마찬가지로 생각하면 된다.

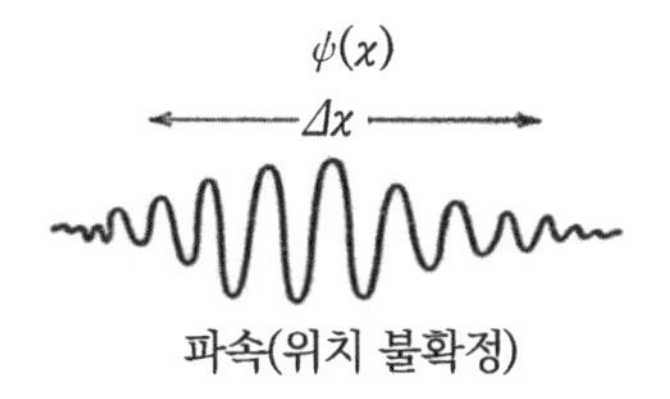

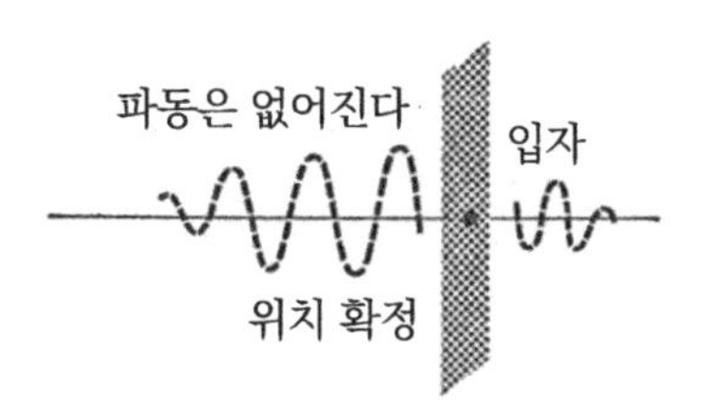

그림 18 | 입자 위치의 측정

앞에서는 ψ는 ψ_1이라든가 ψ_2라든가 하는 것처럼 하나하나의 특정 상태의 덧셈처럼 나타냈는데 예컨대 입자의 위치 등을 표현하려면 $x = 1$, 1.1, 1.2……(옹스트롬) 등의 장소뿐 아니고 1.1과 1.2와의 중간이라든가 거듭 그 중간이라는 것처럼 불확정성 원리의 범위 내에 있는 온갖 x의 장소에 존재하게 된다(온갖 장소에서 붙잡힐 가능성이 있다는 쪽이 알기 쉬울지도 모른다). 이럴 때는 덧셈의 형태로 적는 것보다도

$$\psi = \psi(x)$$

라는 식으로 함수의 형태로 하는 편이 좋다. x의 값이 예컨대 1옹스트롬으로 $\psi(x)$는 크다고 하면 거기에 입자는 큰 확률로 존재한다. 또 1.2옹스트롬으로 $\psi(x)$가 작다면 그 장소에는 작은 확률로밖에 존재하지 않는다.

그런데 금속판인가 무언가로 입자의 장소를 조사했다고 해 보자. x=1.1(옹스트롬)의 장소에서 입자가 발견되었다고 하면 그 순간에 $\psi(x)$는 x=1.1 이외의 값에서는 없어져 버린다. 입자를 구름과 같이 생각한 경우 관측하기 이전에는 Δx의 범위로 퍼져 있던 것이 위치를 조사한 순간에 구름은 한 점으로 집중하게 된다. 이것을 파속(波束)의 수축이라고 한다.

트집을 잡은 아인슈타인

파속의 수축 속도는 광속도보다 크다. 이것 자체로는 모순은 없다고 일반적으로 생각하고 있다. 세상에서 광속도보다 빠른 것은 존재할 수 없으나 이것은 어디까지나 에너지의 전달을 의미하는 것이고, 파속의 수축은 이러한 것과는 본질적으로 다르기 때문이다.

파속의 수축은 여하간에 상대론으로 유명한 아인슈타인은 보어가 제창한 양자론적인 사상에 마지막까지 찬성의 뜻을 나타내지 않았다. 이러한 것은 과학사상에서도 잘 알려져 있는 사항이다.

보어에 따르면 사물의 상태는—그 위치든, 운동량이든, 에너지든 단순히 확률적으로 결정할 수 있을 뿐이고 그것 이상의 아무것도 아니다. 그런데 아인슈타인은 확률적 실재(實在)를 물리학의 근본 법칙이라고는 인정하지 않았다. 그는 자연현상의 완전한 기술은 가능하고, 단지 확률적으로만 단정(?)할 수 있다고 하는 애매한 사상을 배격하고 궁극적으로는 결정론적인 의미에서—즉 정확한 인과율하에 기술하는 것이 가능하다고 믿었다.

보어나 보른, 파울리 등 양자론의 탄생기에는 공동으로 물리학의 개혁을 행한 사람들도 마침내 아인슈타인의 논적(論敵)이 된다. 아인슈타인에 따르면 양자론이란 불확정성 관계가 허용하는 범위에서만 유효한 것이고 참된 물리법칙이란 시간 · 공간의 테두리 안에서 완전히 결정되지 않으면 안 되는 사항이다.

양자론 자체의 방법은 인정하고 물질의 입자 및 파동의 이중성을 기술

신은 주사위 놀이를 싫어하는가?

하려면 양자역학은 가장 타당한 기술형식이라는 것은 충분히 승인하고 있으나 기술형식은 어디까지나 수단에 불과하고 그것을 기초 개념으로 살짝 바꾸는 것은 절대로 안 된다고 주장했다.

보어를 중심으로 하는 코펜하겐 학파가 이제까지 언급해 온 것처럼 확률적 표현이야말로 자연의 참된 모습이라고 주장하고 있는 것에 반해서, 아인슈타인은 진실 추구의 한 과정으로서 확률적 표현도 부득이하다는 입장을 취하고 있다.

보어 등을 비판하며

"신은 주사위 놀이를 하지 않는다. 자연은 확률과 같은 개연성으로 호도되지 않는다. 더 완벽한 방법으로 이야기되지 않으면 안 된다. 다만 인간의 인식이 완전성을 파악하기까지에 이르지 않고 있는 오늘날에는 유효한 방법으로서 확률 또는 통계적인 방법은 충분히 활용되지 않으면 안 된다."라고 주장하고 있다.

1910년대까지의 연구를 전기 양자역학이라 말하고 이 무렵까지는 의견의 불일치를 별로 볼 수 없었다.

그런데 1920년대가 돼서 수학적 방법이 개발되어 하이젠베르크의 매트릭스 역학, 슈뢰딩거의 파동역학, 요르단, 디랙 등에 의한 변환이론 등 거듭 불확정성 원리가 세상에 나오게 되는데 아인슈타인과 보어의 논쟁은 마침 이 해에 열린 솔베이 회의 석상에서 시작되었다. 그 후 두 사람의 의견 불일치는 최후까지 꼬리를 끌었고 보어도 아인슈타인도 이미 고인이 돼버린 오늘날에도 문제의 본질에는 미해결의 부분이 있다고 말해도 될 것이다.

아인슈타인의 사고실험

자연현상을 지배하는 것은 확률이라는 애매한 것이 아니고 그 밑바탕에 필연적인 인과관계가 존재한다고 하는 아인슈타인의 생각은 이제까지 언급해 온 보어 등의 사고방식과 본질적으로 어긋나 있었는데, 두 사람의 충돌은 1930년 브뤼셀에서 열린 제6회 솔베이 회의에서 최고조에 달했다.

이때 아인슈타인은 그림과 같은 장치를 제안하고 이것으로 불확정성관계 $\Delta E \cdot \Delta t = \hbar$의 모순을 지적하려고 했다.

먼저 상자의 중량을 측정한다. 충분히 시간을 들여서 하면 상자가 가지고 있는 에너지를 바라는 만큼 정확히 측정하는 것이 가능하다(질량 m과 에너지 E는 $E=mc^2$과 같이 비례관계에 있으므로).

다음으로 상자의 창 부분에 있는 셔터를 순간적으로 열어서 상자 속의

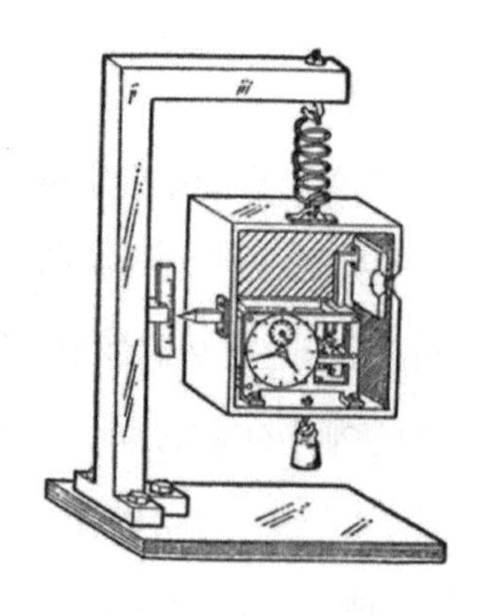

그림 19 | 아인슈타인의 사고실험

빛의 에너지를 약간 방출한다. 상자 속의 에너지는 감소하는 것인데 얼마만큼 감소했는가는 셔터를 닫은 후 충분한 시간을 들여서 상자의 무게를 재면 이것 또한 얼마든지 정확히 알 수 있다.

즉 창을 통해서 방출된 에너지는 바라는 대로의 정밀도로 아는 것이 가능하다(즉 $\Delta E=0$). 한편 셔터를 여는 시간은 얼마든지 작게 할 수 있다(즉 $\Delta t=0$). 이 두 가지 사실은 불확정성 원리에 반하고 있다. 바꿔 말하면 이러한 사고실험에 의해서 불확정성 원리는 부정되지 않으면 안 된다……라고 아인슈타인은 주장한 것이다.

이 논의에는 보어도 약간 난처했던 것 같다. 그는 밤을 새우며 마침내 반론을 위한 근거를 생각해 냈다.

역이용을 한 보어

에너지가 상자 구멍을 지나는 시간을 측정하는 도구는 장치에 갖추고 있는 시계다. 그런데 상자의 무게를 알기 위해서는 당연히 상자는 연직 방향(세로 방향)으로 움직이지 않으면 안 된다. 그런데 연직 방향으로 이동하면 중력의 가속도 g의 값이 약간 달라진다. 시계를 중력장의 방향으로 움직였을 때 바늘이 진행하는 방법이 달라지는 것은(더 분명히 말하면 g의 값이 다른 두 점에서는 시간의 경과가 다르다는 것) 아인슈타인이 제창한 일반상대론의 귀결이다.

조금 더 알기 쉽게 생각해 보자. 상자의 무게를 극히 정확하게 측정한다는 것은 저울의 용수철의 늘어남(연직 방향)을 읽을 때의 오차 Δz를 마음껏 작게 하는 것이다. 그런데 Δz를 작게 하면 Δp_z(상하 방향의 운동량의 불확정성)는 커져 버린다. 또 운동량의 변화라는 것은 힘과 시간을 서로 곱한 것(역적)과 같다는 것을 알고 있다. Δp_z가 커진다는 것은 결국은 측정시간의 애매성 Δt가 커지는 것과 같다[Δp_z= (힘) × Δt]. 따라서 $\Delta z \cdot \Delta p_z = \hbar$가 성립하면 당연히 $\Delta E \cdot \Delta t = \hbar$도 성립하지 않으면 안 된다는 것이다. 그리고 전자(前者)는 감마선 현미경의 사고실험으로 이미 인정되어 있다.

아인슈타인은 시간과 에너지의 불확정의 양을 얼마든지 작게 할 수 있다고 생각했으나 본인이 전개한 일반상대론이 역이용되어 보어에 의해서 그 주장이 부정된 것은 생각해 보면 얄궂은 일이다.

양자론의 창시자로서의 보어

많은 사람이 20세기 초기의 가장 위대한 물리학자로 아인슈타인과 보어의 이름을 든다. 아인슈타인은 상대론의 설립자로서 보어는 양자론의 창시자로서 과학사에 특필되어야 할 사람이라는 것은 물론이다.

그런데 이 두 사람이 논쟁을 했다는 것이므로 대부분의 흥미는 이에 집중했다. 그리고 현재로서 이 논쟁은 아인슈타인의 판정패라고 많은 물리학자들이 판단하고 있는 것 같다.

광양자 가설이라는 것처럼 양자론의 발전에 공헌하면서도 확률적인 인과성에 만족하지 않았던—즉 필연적 인과성이 밑바탕에 있다고 믿고 있던—아인슈타인은 양자론의 눈부신 발전을 따라가는 데는 사고가 너무나도 지나치게 보수적이었다는 것이다.

닐스 보어는 1885년에 덴마크의 코펜하겐에서 태어났다. 당시의 물리학은 독일과 영국에서 가장 왕성했는데 두 나라 중간에 있는 덴마크는 확실히 지리적 조건이 유리했다. 보어는 독일의 이론물리학과 파동역학을 잘 흡수하고 거듭 영국의 실험물리학과 원자에 대한 연구도 받아들였다.

젊은 시절의 보어는 유체역학이나 표면장력의 논문을 작성하고 있었던 것 같다. 19세기에서 20세기로 넘어갈 무렵 그때까지 액체라든가 고체를 연구대상으로 하고 있던 물리학은 그 눈을 미립자의 세계로 돌리기 시작했다. J. J. 톰슨의 전자의 발견, 플랑크가 시작하고 아인슈타인 등이 완성한 광양자설, 톰슨이나 나가오카 한타로가 제안하는 원자 모형, 러더퍼드의 원자핵의 발견 등 모두 보어의 연구 의욕을 자극하는 데 충분했다.

젊은 시절의 보어

1913년에 원자핵의 주위에 원자번호와 같은 개수의 전자가 돌고 있다는 이른바 보어의 원자 모형이 제창되었다. 영국의 물리학자 러더퍼드(1871~1937)의 실험결과를 이른바 양자조건이라는 획기적인 사상을 사용해서 전개한 이론이다. 그 직후 유럽은 제1차 세계대전에 돌입했는데, 대전의 초기에 보어는 주로 영국의 맨체스터에 체재하여 모즐리 등과 함께 X선 연구에 종사했다(X선에 관한 교과 내용에 반드시 이름이 나오는 모즐리는 병역에 징집되어 흑해와 지중해를 연결하는 다다넬즈 해협의 상륙작전에서 전사한다).

1916년, 전쟁이 한창인 때 보어는 코펜하겐에 되돌아와 계속해서 원자물리학을 연구했다. 덴마크는 중립국으로 되어 있었기 때문에 독일의 문헌, 특히 조머펠트의 원자 모형에 관한 연구가 전쟁이 한창인 가운데서도 보어 수중에 들어올 수 있었다. 당시 교전 상태에 있는 독일과 영국 양쪽의 원자물리학자인 조머펠트, 러더퍼드와 교류할 수 있었던 것 역시 덴마크가 중립을 유지하고 있었기 때문에 특권이라 할 수 있을 것이다.

마침내 종전을 맞이하고 보어의 연구소는 코펜하겐으로부터 토지를 기증받아 이곳에 이론물리학의 메카가 탄생한 것이다. 체재 기간이 길거나 짧기는 했으나 보어를 방문한 사람 중에는 영국에서 P. A. M. 디랙, N. F. 모토가, 네덜란드에서는 H. A. 크라머츠가, 벨기에에서는 L. 로젠펠트가, 독일에서는 W. 파울리(국적은 스위스), V. 하이젠베르크가, 미국에서는 J. C. 슬레이터, J. R. 오펜하이머가, 그리고 일본에서는 진카 요시오가 있었다. 전 세계의 이론물리학자가 모였다 해도 결코 지나친 말은 아닐 것이다.

하이젠베르크에 의한 불확정성 원리도 코펜하겐 정신에 크게 영향을 받고 있다기보다 불확정성 원리 그 자체가 코펜하겐 학파의 중추(back bone)를 이루고 있다고 할 수 있을 것이다.

코펜하겐 학파의 사상

양자론의 밑바탕에 있는 사물의 사고방식을 지금 여기서 한 번 검토해 보자.

예컨대 벤젠은 6개의 탄소원자가 6각형으로 결합하고 거듭 각 탄소원자에 수소원자가 하나씩 결합하고 있다. 각 탄소원자는 4가, 즉 결합능력으로서 4개의 손을 갖고 있기 때문에 1개는 수소와 결합하고 그 밖의 3개로 하나 걸러 2중결합을 하고 있다. 이 경우 〈그림 20〉의 A형과 B형의 두 가지를 생각할 수 있다. 또한 실제로는 〈그림 20〉의 아래에 나타낸 결합도 존재하지 않는 것은 아니지만 이러한 결합상태는 상당히 에너지가 높아지고 에너지의 높은 상태는 드물게만 나타난다고 생각하므로 무시하기로 하자. 양자화학에서는 A와 B의 상태가 서로 공명(共鳴)이다,라고 한다. 그러면 공명이란 어떠한 것인가.

여기에 N개의 벤젠 분자가 있을 때 N개 중의 절반이 A, 그 밖의 절반이 B라고는 생각하지 않는다. 이러한 사고방식은 어떤 순간에는 하나의 벤젠 분자는 A나 B의 어느 한쪽이라는 것을 암시하고 있는 것인데 양자론적인 사고방식은 그렇지 않다. 하나의 벤젠 분자가 A이기도 하고 B로도 되어 있는 것이다. 상태를 나타내는 함수 ψ는 완전히 A의 경우(ψ_A)와 확실히 B일 때(ψ_B)를 적당한 계수를 곱하여 더한 형태로 되어 있다.

마찬가지 사항을 별개의 예로 생각해 보자. 고체 중에는 단진동(예컨대 시계의 흔들이와 같은 진동)을 하고 있는 원자가 매우 많이 있는데 진동수는 어

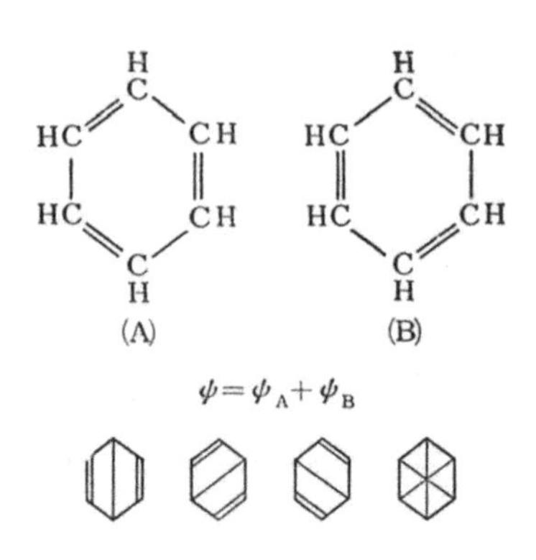

그림 20 | 벤젠 분자

느 것이나 ν라고 가정해 본다. 이때 어느 단진동도 영점에너지 $\frac{h\nu}{2}$ 갖는데 이것을 제외하고 생각하면 소유할 수 있는 에너지는 제로, $h\nu$, $\frac{3h\nu}{2}$, $2h\nu$, $\frac{5h\nu}{2}$, ……이다.

여기까지는 양자역학을 풀어주기만 하면 알 수 있는 일인데 이제부터 앞으로 어떻게 생각하는가가 문제다. 많은 단진동 중 어떤 순간에 50%가 에너지 제로(다만 영점에너지를 제외하고), 30%가 $h\nu$, 15퍼센트가 $h\nu$의 2배, 3%가 $h\nu$의 3배를 갖는다는 식으로 생각하지 않는다.

앞장의 금속 중의 전자의 부분에서도 이러한 것은 설명했는데(하나의 전자가 90%는 금속 안, 10%는 금속 밖에 있다는 것처럼), 여기서도 하나의 단진동이 50%라는 확률로 에너지가 제로이고 30%의 확률로 에너지가 $h\nu$이다……라는 것처럼 기술한다.

양자역학적 기술법

양자론의 패러독스에 들어가기 전에 약간 번거로워도 양자역학적 기술법을 간단히 언급해 두자.

이야기를 가급적 알기 쉽게 하기 위하여 광원에서 나온 빛이 스크린에 뚫린 2개의 구멍 A와 B를 빠져나가는 것을 생각한다. 물론 구멍에 잘 도달하지 않고 스크린에 닿아서는 되튕기거나 흡수돼 버리는 빛도 있으나 이것들은 제외하는 것으로 하고 빛은 반드시 구멍을 빠져나갈 수 있다고 생각하자.

빛은 양자론적으로 말해 광자, 즉 에너지를 가진 입자다. 광원에서 출발한 광자를 ψ라고 적기로 한다. 또 구멍 A를 지나는 광자를 ψ_A, B를 빠져나가는 광자는 ψ_B라고 해둔다.

ψ를 광원에서 나온 빛의 순수상태라고 한다. 마찬가지로 ψ_A는 확실히 구멍 A를 지나는 광자의 순수상태이고 ψ_B는 틀림없이 구멍 B를 빠져나가는 광자의 순수상태를 나타내고 있다. 그러면 ψ와 ψ_A 및 ψ_B와의 관계는 어떻게 되어 있는가?

지금 구멍 A 및 구멍 B의 바로 뒤에 적당한 측정장치를 두고 여기에 다가오는 광자의 수를 셈해 준다(실제로는 광자의 개수 등은 도저히 셀 수 없으나 빛의 강도가 크면 광자의 수는 많다고 생각해도 된다). 이때 발광체가 구멍 A의 방향을 향하고 있었기 때문인지, 구멍 A 쪽이 컸기 때문인지 아무튼 무언가의 이유로 측정한 결과 A에 도달하는 광자와 B에 오는 광자의 비가 2대1이었

다고 한다. 이때

$$\psi = \sqrt{\frac{2}{3}}\psi_A + \sqrt{\frac{1}{3}}\psi_B$$

처럼 기재된다. 일반적으로 말하면 앞에서 적은 것처럼

$$\psi = c_1\psi_1 + c_2\psi_2 + c_3\psi_3 + \cdots\cdots$$

가 될 때는 ψ 라는 순수상태에 대해서 그것이 ψ_1인가, ψ_2인가 또는 ψ_3 인가……라는 것 같은 측정을 했더니 ψ_1인 확률이 c_1^2, ψ_2인 확률이 c_2^2…… 라는 것처럼 된다는 것이다(c^2이 아니고 일반적으로는 그 절대값의 제곱 $|c|^2$으로서 하지 않으면 안 되지만 번거로움을 피해서 단순히 c^2이라고 적기로 한다).

순수상태와 혼합상태

많은 광자 중 3분의 2가 창 A를 지난 것이고 3분의 1이 창 B를 통과한 것이라고 한다면 이 광자의 집단은 이미 순수상태가 아니고 혼합상태라고 한다.

그렇게 말해봤자 광원이 창 A 쪽을 향하고 있으면 어차피 빛의 3분의 2는 A를 통과하는 것이므로 순수상태 ψ도 혼합상태도 같은 것이 아닌가……라고 말해서는 안 된다. 이것을 구별하지 않는다면 무엇 때문에 양자역학을 만들었는지 모르게 된다. 실제로 순수상태의 광자군은 구멍의 후방의 벽에 줄무늬를 만드는데 혼합상태의 광자 집단은 그것을 만들지 않는다. 그리고 양자역학에서는 $= c_1\psi_1 + c_2\psi_2 + \cdots\cdots$의 ψ는 어디까지나 순수상태를 나타내고 있는 것이다. 확실히 ψ의 입자를 측정해 주면 c_1^2의 확률로 ψ_1로서 관측되고 c_2^2의 확률로 ψ_2라는 모습을 보인다. 그러나 측정해준다는 것이 상태를 변화시켜 버린다는 것은 2장에서(예컨대 TV 카메라의 예) 설명한 대로다.

하지만 실제로는—예컨대 통계역학 등에서는—입자의 상태를 하나하나 측정하지 않고 혼합상태라 생각하는 방법에 따라서 문제를 처리해 버리는 일이 많다. 앞에서 거론한 벤젠 분자를 예로 들면 하나의 분자가 $\sqrt{\frac{1}{2}}\psi_A + \sqrt{\frac{1}{2}}\psi_B$라는 순수상태임에도 불구하고 많은 분자 중의 절반은 A형, 다른 절반은 B형이라 간단하게 해 버린다.

이러한 것은 일반의 경우에는 순수상태를 표기하는 것이 곤란한 일이 많다(순수상태로서 ψ를 구체적으로 어떠한 형태로 설정해야 좋은 지 짐작이 가지 않는다)라는 것이다. 빛이 2개 중 어느 쪽 구멍을 지나는가라든가, 벤젠 분자가 A형인가 B형인가 등의 문제라면 순수상태도 쉽사리 수식화된다(요컨대 2개의 항을 더해 주면 되는 것이므로). 그러나 더 일반적인 문제가 되면 ψ_1, ψ_2, …… 등의 함수는 그렇게 쉽사리 발견되지 않는다.

상태와 물리량

'상태'라는 것에 대해서 장황하게 언급해 왔는데 양자역학에서는 또 하나, 물리량—예컨대 에너지, 운동량, 입자의 위치 등—이라는 것을 바로 이해하지 않으면 안 된다.

고전역학에서는 구슬의 위치는 어디 어디이고 운동량은 어느 정도이며 에너지는 얼마만큼이다……라는 것은 모두 명확하게 되어 있는 사항이고 이러한 물리량이 그대로 구슬의 상태를 나타내고 있었다.

그런데 양자역학에서는—즉 진정한 자연의 모습에 관해서—상태와 물리량은 명확하게 구별되지 않으면 안 되는 개념이라고 한다.

예컨대 발광체나 금속이 있다면 당연히 그곳에는 광자나 전자가 존재할 것이다. 이 시점 즉 단순한 인식의 단계에서는 그것들이 그러한 상태에 있다고 생각한다.

다음으로 이 광자나 전자가 어디에 있을까……라는 것이고 그 위치를 측정해 주면 거기서 비로소 위치라는 물리량이 의미를 갖게 된다. 위치의 측정은 처음부터 포기하고 운동량 쪽을 기기(機器)로 측정해 주면 운동량이라는 물리량이 출현한다. 다만 이때는 위치라는 물리량은 어디에도 없다.

위치가 확정된 후의 상태는 위치에 대한 순수상태다. 이것을 예컨대 ψ(위치)라고 하자. 운동량이 확정되어 있는 상태는 운동량에 대한 순수상태이고 이쪽을 ψ(운동량)라고 하자. 같은 광자라도 ψ(위치)와 ψ(운동량)은 다르다. 후자는 2개의 구멍 뒤의 벽에 간섭무늬를 만들지만 전자는 만들지 않는다.

그러면 '물리량' 쪽은 양자역학 쪽에서 어떻게 나타내는가. 고전역학이라면 예컨대 위치는 $x = 3$㎝, 운동량은 $p = 5$㎝ · g/s, 에너지 $E = 8$(에르그)라는 것처럼 단도직입적으로 표현해 주면 된다. 그런데 양자역학에서는 이렇게는 할 수 없다. x와 p가 동시에 확정값을 갖는다는 것은 있을 수 없다고 이 책의 처음부터 언급해 왔다.

연산자

양자역학에서는 입자의 위치가 어디인가라는 사항 이전에 위치를 측정한다는 조작 자체가 이미 문제가 된다. 운동량을 측정한다, 에너지를 조사한다 등의 조작 그 자체도 수식화되는 것이다.

이들의 측정은 모두 '연산자'(演算子)라는 것으로 나타내게 된다. 연산자란 수학적인 말인데 함수에 어떤 값을 곱한다든가, 함수를 미분해 준다든가의 수학적 조작을 말한다. 함수를 어떤 약속 하에 변화시키는 기호라고 생각하면 된다. 그리고 위치를 측정하려고 하는 연산자 Q(위치) 또는 운동량, 에너지를 측정하려고 하는 연산자 Q(운동량), Q(에너지) 등은 각각 모두 별개의 형태를 하고 있다.

또 양자역학에서는 위치가 확정되어 있는 상태 Q(위치)에 대해서 실제로 위치를 측정해 주면

$$Q(\text{위치})\,\psi(\text{위치}) = q_1\,\psi(\text{위치})$$

가 된다. 즉 ψ에 Q라는 연산을 시행해도 ψ의 형(型)은 바뀌지 않고 단지 몇 배인가로(이것을 q_1이라고 적었다) 될 뿐이다.

마찬가지로 운동량이 확정되어 있는 상태의 운동량을 실제로 조사해 주는 것을

$$Q(\text{운동량})\,\psi(\text{운동량}) = q_2\,\psi(\text{운동량})$$

이라 적고 아아, 이 입자의 운동량은 q_2이라는 것을 알게 된다.

이 양자역학의 식에서는, 입자의 상태 ψ에 대해서 어떤 물리량을 측정하는 조작 Q를 시행하면 측정값 q를 얻는다.

관측가능량

식 위에서 연산자 Q로 표현되는 물리량에 대한 것을 관측가능량(observable)이라고 한다. 위치나 운동량이나 에너지는 물론 관측가능량이다. 기술적으로는 측정이 곤란해도 원칙적으로 측정이 가능한 것은 모두 관측가능량이 된다. 고전물리학에서는 상태와 관측가능량은 완전히 혼동

하여 취급되고 있었다.

그러면 ψ(위치)에 Q(운동량)를 시행하면 어떻게 되는가. 이것은 위치가 확정되어 있는 것의 (즉 운동량은 완전히 불확정) 운동량은 얼마가 되는가 조사하라는 명령과 같고 원래 무리난제(생트집)이다. 이때는 앞에서 적은 식처럼 ψ가 원래의 형태로 남는 일은 절대로 없다. 절대로 그러한 식으로 되지 않도록 수학적으로 만들어져 있는 것이다.

이와 같이 관측가능량 Q_1이 설정되면 이에 대한 순수상태 ψ_1이 결정되는데 이때 ψ_1을 Q_1에 대한 고유상태라 부르고 그것을 나타내는 수식을 고유함수라고 한다.

ψ_1이 Q_1에 대한 고유상태라 하여 ψ_1이 별개의 관측가능량 Q_2에 대한 고유상태인지 어떤지는 모른다. 운동량에 대한 고유상태는 운동에너지의 고유상태가 될 수 있으나 운동량과 불확정의 관계에 있는 위치에 대해서는 절대로 고유상태가 될 수 없다.

이상 장황하게 알기 어려운 양자역학을 이야기했는데 그 이유는 다음에 언급하는 슈뢰딩거의 고양이 논의에 아무래도 이 문제가 나오기 때문이다. ψ라는 순수상태가 있을 때 이것을 고유함수로 하는 관측가능량 Q가 존재한다는 것을—예컨대 그것이 비현실적인 것이라도—인정하는 것이 코펜하겐 학파의 신조다.

슈뢰딩거의 고양이

양자역학도 추궁해서 생각해 가면 뜻하지 않은 장애에 부딪히는 일이 있다. 그 전형적인 예로 슈뢰딩거의 고양이라는 것을 생각해 보자.

용기 안에 방사성 원소, 예컨대 라듐과 같은 것을 넣어 둔다. 이 라듐의 양을 조절하여 1시간 이내에 알파입자가 튀어 나가는 확률이 2분의 1이 되도록 해 둔다. 알파입자가 나오면 용기 안에 전류가 흐르게 되어 있다(즉 가이거 카운터와 마찬가지 이치다). 전류가 흐르면—알파입자 1개에 의한 전류는 극히 작지만 적당한 장치로 증폭하여—그 전류는 시안화칼륨의 뚜껑을 열도록 되어 있다. 시안화칼륨이 용기 안에 가스 상태로 퍼지면 고양이는 반드시 죽는다.

그런데 1시간 후 라듐의 상태는 어떻게 되어 있는가. 수학적인 기술로는 알파입자를 방출했다는 항과 방출하지 않는다는 항과의 합이다. 코펜하겐 학파식의 해석에 따르면 알파입자가 나와 있다는 것과 나와 있지 않다는 것의 두 가지 상태를 아울러 가지고 있다는 것이다. 실제로 조사해 보면 비로소 알파입자가 방출되었는가 아닌가가 판명된다. 여기까지의 이야기에는 그다지 이상한 것은 없다.

그런데 방출되었는가 방출되지 않았는가는 그대로 고양이의 생사에 결부되고 있다. 1시간 후의 고양이는 생과 사의 상태를 반반씩 갖고 있다고 생각하지 않을 수 없다. 반사반생(半死半生)이니까 상당히 약해진 상태에서

절반은 죽고 절반은 살아 있다?

간신히 숨을 쉰다는 것은 아니다. 그 고양이는 50%는 팔팔하게 활동하고 있고 50%는 완전히 죽어 있는 것이다.

고양이에 대한 이 패러독스는 양자역학의 설립자 한 사람인 독일의 이론물리학자 슈뢰딩거에 의해서 1935년에 지적된 것이고 '슈뢰딩거의 고양이'라고 불리며 양자역학을 어떻게 해석하는가의 문제를 제기하고 있다.

폰 노이만의 사상

양자역학도 슈뢰딩거의 고양이와 같은 문제가 되면 같은 코펜하겐 학파의 사람이라도 반드시 동일한 해석을 하고 있는 것은 아닌 것 같다. 양자론적인 해석은 어디까지나 마이크로한 체계에 한정되고 고양이와 같은 매크로한 것에는 적용할 것은 아니라고 하는 것이 가장 온당한 사고방식이다. 그러면 마이크로와 매크로의 경계를 어디에다 긋는가 하는 것이 되면 문제는 상당히 까다롭게 된다.

여기서 폰 노이만을 중심으로 하는 이른바 코펜하겐 학파의 해석을 소개해 두자. 관측하려 하는 물리적(?) 대상물 중 중요한 것은 방사능을 갖는 라듐과 고양이다. 전선, 증폭기 등은 문제에서 제외하고 생각해도 된다.

라듐이 확실히 방사되었다는 순수상태를 ψ(방사), 방사되고 있지 않은 상태를 ψ(미방사), 고양이가 확실히 죽어 있는 상태를 ϕ(죽음), 팔팔하게 살아 있는 상태를 ϕ(삶)이라 적기로 한다. 라듐은 방사되고 따라서 고양이는 죽어 있다……라는 것을 적으면 2개의 함수의 곱셈이 되어 ψ(방사)×ϕ(죽음)이 된다.

그런데 계수인 c_1과 c_2는 시간이 경과하면 차츰 바뀌어 간다. 즉 시간 t의 함수다. 따라서 t시간 후의 이 체계의 상태는

$$\psi = c_1(t)\,\psi(\text{미방사})\,\phi(\text{삶}) + c_2(t)\,\psi(\text{방사})\,\phi(\text{죽음})$$

이라는 것이 된다. 최초 (즉 $t=0$)에는 고양이는 살아 있었으므로 $c_1(0)=1$, $c_2(0)=0$이고 또 t값 여하에 관계없이 $|c_1(t)|^2+|c_2(t)|^2=1$이 성립한다. 예컨대 1시간 후에는 절반의 확률로 라듐은 방사하고 있는 것이므로 $c_1(1)=c_2(1)=1/\sqrt{2}$ 이다.

문제는 여기에 만든 ψ라는 함수다. 양자역학을 충실히 실행하면 이러한 형태로 돼버리는데 1시간 후의 ψ는 고양이가 절명한 상태와 팔팔한 상태를 더한 것으로 되어 있다. 도대체 이것은 무엇을 나타내고 있는가? 상자의 뚜껑을 열지 않을 때는 생과 사를 섞어 넣은 상태이지만 뚜껑을 연 순간에 갑자기 어느쪽인가로 결정된다는 것인가?

어디까지나 순수상태를 인정한다

여기서 순수상태 ψ라는 것을 한 걸음 더 파고들어 생각해 주지 않으면

안 된다. 이야기가 아무래도 수학적으로 돼버려—양자역학은 이러한 의미에서는 정말 수학적이다—이해하기 어려울지도 모르겠으나 순수상태 ψ라는 것은 앞에서 언급한 것처럼 이것을 고유함수로 하는 연산자를 시행해도

$$Q\psi = q\psi$$

이다. 이 사상을 어디까지나 관철하여—이것이 코펜하겐식의 해석이 된다—생과 사를 절반씩 짊어진 고양이도 순수상태라고 생각하고 이 순수상태를 고유함수로 하는 어떤 측정을 행하면 측정한 후의 상태도 바로 앞에서 적은 식처럼 되어 고양이는 삶이라고도 죽음이라고도 할 수 없는 상태로 있다는 것을 인정할 수 있다고 하는 것이다.

유감스럽게도 우리는 생과 사를 아울러 가진 고양이를 확실한 상태로서 인정하는 측정방법을 모른다. 이 Q는 구체적으로 말하면 어떠한 관측방법인지 짐작도 가지 않는다. 그러나 모른다고 해서 생과 사를 겸비한 순수상태를 끄집어내는 방법이 원칙적으로 존재하지 않는다고는 말할 수 없다고 생각한다. 고양이의 패러독스는 Q에 대응하는 관측방법을 모르기 때문에 기묘하게 생각되는 것이다.

우리가 알고 있는 측정방법은 뚜껑을 연다든가, 상자의 측면을 제거하여 유리로 대체한다든가 하는 등의 방법이다. 이 조작은 물론 앞에서 적은 Q와는 다르다. Q와는 전혀 다른 방법이다. 그리고 이 전혀 다른 방법밖에 현실적으로는 행해지고 있지 않다는 것이 고양이의 문제를 매우 이해하기

어려운 것으로 하고 있다.

이 때문에 이러한 문제에서는 아무래도 혼합상태에 의한 표현법을 채용하게 된다. 혼합상태, 즉 같은 장치를 매우 많이 만들었을 때 절반의 고양이는 죽어 있다…… 이것이라면 누구라도 납득한다. 그러나 코펜하겐식의 해석으로는—가령 그것이 매우 비현실적이어도—어디까지나 순수상태를 인정한다—즉 생과 사를 겸비한 ψ에 대해서 $Q\psi = q\psi$가 성립하는 것을 인정한다—는 입장을 취하고 있다.

보옴 등의 비판

아무튼 상식적으로 생각하면 슈뢰딩거의 고양이에 대한 코펜하겐 학파의 해석은 상당히 억지처럼 생각되는 면도 있다. 많은 사람이 반대의견을 제출했지만 사실 아직도 해결되지 않은 문제다.

관측의 이론은 이 밖에도 여러 가지 불분명한 점이 있다. 예컨대 측정장치라는 것은 어디까지를 생각하는가. 장치를, 이것을 관측하는 주체 쪽으로 확대해 가면 인간의 눈도 망막도 기기의 한 부분이 돼버린다. 극한까지 가져오면 측정하는 것은 자기라는 영혼만이 된다.

하이젠베르크는 관측이라는 궁극적인 면에서는 '객관적 실재의 증발(없어져 버린다는 것)'이고 양자역학이란 '입자 그 자체를 나타내는 것이 아니고 입자에 대한 우리들의 지식 또는 의식을 나타내 보이고 있다'라고 말하고, '실재(實在)는 우리가 그것을 관측하는가 아닌가에 따라 바뀐다'라고 언급하고 있는데 많은 철학자들은 이에 대해서 상당히 비판적이다.

물리학자 사이에서도 1950년대가 돼서 양자역학의 기초 개념을 새로이 고쳐 검토하자는 분위기가 강해졌다. 그 선봉자가 보옴이다.

보옴은 1917년, 즉 보어의 대응원리와 거의 때를 전후하여 미국에서 태어났고 캘리포니아 공과대학을 졸업한 후 런던의 바터벡 대학의 교수로 재직했다.

보옴의 양자론에 대한 사고방식은 옛날 아인슈타인의 비판으로 되돌아간 것 같은 느낌이 든다. 자연을 기술하는 경우 현재의 양자역학에는 나타나 있지 않은 '숨은 파라미터'(식 안에 은연히 존재하여 식의 값을 바꾸는 원인이 되는 것)라는 것이 있고 이것이 밑바탕에서 물리현상의 인과성을 지배하고 있다고 생각하는 것이다.

보옴의 주장에 따르면 고전물리학이라는 것은 완전히 기계론적인 것이고 20세기가 돼서 장의 이론, 분자운동론, 양자론, 소립자론이 나타나 고전적 자연관의 모순을 제거한 것처럼 보이지만 그래도 아직 코펜하겐식의 양자론에 대한 해석의 그 본질은 여전히 기계론적이라고 비판하고 있다.

만일 세상이 고전물리학 일색이라면 1장에서 언급한 것 같은 라플라스의 악마가 존재할 것이다. 그러나 양자론의 탄생과 더불어 라플라스의 악마라 해도 확률적으로밖에 장래를 예언할 수 없게 되었다.

양자론이 출현하기 이전에도 물론 확률이라는 말과 개념은 존재했다. 예컨대 주사위를 던져서 1의 끗수가 나오는 확률은 6분의 1이라는 것처럼…….

그러나 주사위의 확률은 우리들의 물리적 원인을 상세하게 추구하는 기술을 갖지 않는다는 것 때문에 설정된 사상이다. 이에 반해서 양자론에서의 확률은 근본적으로 이질적인 것이다. 자연현상 그 자체가 확률적인 존재다. 물리법칙을 끝까지 규명해 가고 물질을 마지막까지 파고들어 연구해 가도…… 거기서 발견되는 것은 확정된 사실이 아니고 '확률'에 불과하다.

거듭 이 양자론도 보옴 등에 의해서 재검토를 하지 않을 수 없게 되었다. 그렇지만 어떠한 형태로 혁신해야 하는가는 누구도 구체적으로는 언급하고 있지 않다. 코펜하겐식의 사고방식으로는 어쩐지 충족되지 못한 것이 있다……라는 것이 대부분의 비평가들의 생각이다. 만일 이 사람들의 사상을 추진했다면 도대체 어떠한 것이 나타날 것인가. 가령 양자론을 대신하는 것이 출현한다면 원인과 결과를 연결하는 불가해한 굴레도 당연히 이 새로운 사상을 따라서 검토되어 가지 않으면 안 될 것이다.

종장

SF 전쟁

알바코아호의 행운

1944년 6월 19일 미명, A국의 잠수함 알바코아호는 태평양 서남부에 있는 야프섬의 북방 부근을 초계(哨戒)하고 있었다. 이날 이미 잠수함의 레이더는 두 번이나 공중을 날아오는 희미한 물체를 인지하고 있다. 그때마다 서둘러 잠항(潛航)했는데 함장인 보랜차드 소령은 문득 고개를 갸웃거렸다.

지금쯤 A국의 비행기가 이 근처를 날고 있을 리가 없다. 그렇다면 적기다. 아마 적을 색출하는 비행기일 것이다. 더구나 짧은 시간 안에 잇달아 두 번이나 적기를 만난다는 것은—적은 지금까지의 전투로 상당한 비행기를 소모하고 있어야 할 것이다. 그럼에도 불구하고 이 해역에 대한 적의 색출을 맹렬하게 하고 있다는 것은—분명 중대한 일이 있음에 틀림없다.

두 번째 잠항을 하기를 30분 남짓, 부근은 완전히 밝아지고 함장은 잠망경을 올린다. 비치는 것은 무언가 몽롱하긴 하지만 거대한 군함이다.

"적함이다! 잠항, 전원 정위치로!"

보랜차드 소령은 큰소리로 고함쳤다.

이로부터 2년 반쯤 전인 1941년 연말, A국은 태평양을 사이에 둔 X국과 전투를 개시했다. 개전벽두 X국 해군에게 진주만을 기습당하여 다수의 함정을 잃었고 또 동남아시아에서 남태평양의 솔로몬 군도까지 X국 군대의 유린을 당했으나, 항공기를 주체로 하는 미드웨이 해전을 갈림길로 하여 A국군은 진용(陳容)을 재건해서 남부 태평양의 섬을 따라 서서히 적군을 압박해 갔다.

공업력에서 A국에 훨씬 뒤떨어진 X국으로서 미드웨이 해전에서의 제식(制式) 항공모함 4척, 「카가」, 「아카기」, 「소류」, 「히류」의 상실은 치명적이었다. 상선, 잠수모함, 수상기모함 등을 개조하여 서둘러 임시변통한 항공모함은 많지만 제식 항공모함과 비교하면 전력(戰力)은 절반도 되지 않는다.

남방의 섬을 따라 작전을 수행해 오던 A국군은 갑자기 공격의 화살을 북으로 돌려 사이판, 티니안, 괌을 중심으로 하는 마리아나 군도로 향했다. A국 함대가 서진(西進)해 올 것으로 판단하고 있던 X국 해군은 매우 다급하게 전 세력을 가지고 마리아나로 향하게 된다.

X국 해군의 제식 항공모함은 전쟁 개시 해에 처음으로 준공된 「쇼카쿠」, 「즈이카쿠」와 1944년 3월에 참가한 「타이호」였다. 그들은 소중히 간직하고 있던 이 3척을 끌고, 그 밖에 개조된 항공모함, 전함, 순양함, 구축함군을 따르게 하여 마리아나를 향해 동진했다. 그중에는 세계 최대의 전함 「야마토」, 「무사시」도 있을 것이다.

일단 잠항한 알바코아호는 다시 잠망경을 올렸다.

"적 항공모함 접근. 거리…… 2200. 방위…… 우 45도."

함장이 고함치는 소리에 여느 때와 달리 생각 탓인지 망설임 같은 것이 느껴졌다.

"이봐! 잠망경이 흐려졌어."

아무리 레이더, 소나(sonar, 수중 음파탐지기)가 발달했다고는 하지만 잠

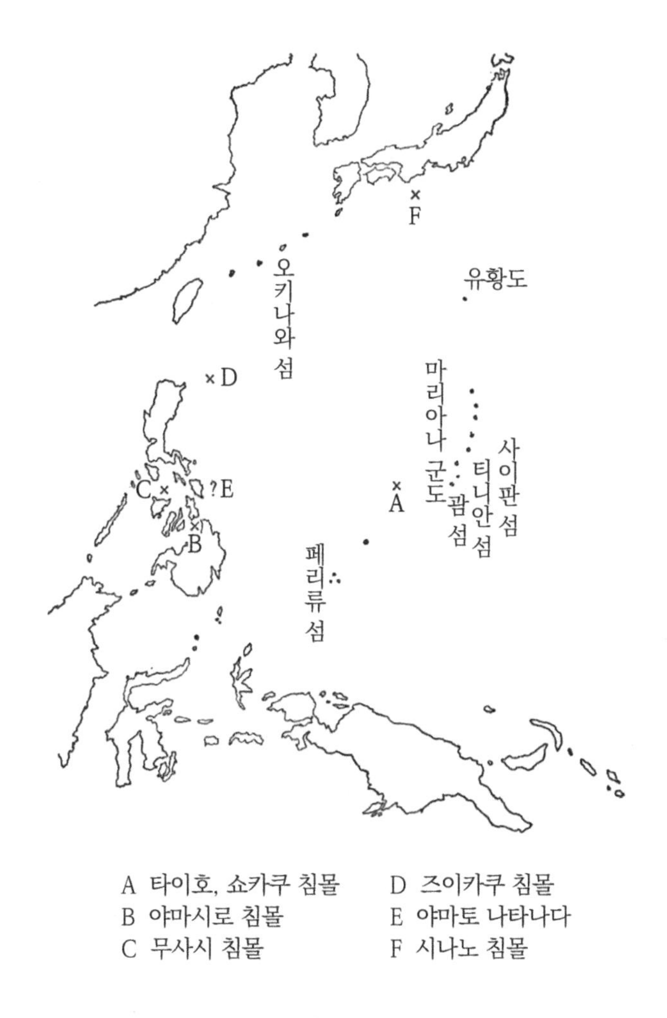
F
오키나와섬
유황도
×D
마리아나 군도
사이판섬
티니안섬
괌섬
C
?E
A
B
페리류섬
A 타이호, 쇼카쿠 침몰
B 야마시로 침몰
C 무사시 침몰
D 즈이카쿠 침몰
E 야마토 나타나다
F 시나노 침몰

그림 21 | 어떤 해전 지도

망경이야말로 잠수함의 눈이다. 흐려지는 것 같은 싸구려 렌즈는 사용하고 있지 않다. 평소의 손질도 충분할 것이다.

일순간 묘하게 가슴이 두근거린 수뢰장(水雷長)도 바로 마음을 고쳐먹고

"함장님, 적의 진로는?"

이라고 전통관(傳通管)을 통해서 소리친다.

"적의 진로는……."

함장의 목소리는 컸지만 그다음이 나오지 않는다.

"함장님, 적의 진로는 어느 쪽입니까! 진로를 모르고는 어뢰를 쏠 수 없습니다."

라고 수뢰장은 되받아 소리친다.

"적의 진로는…… 음, 음……."

함장은 신음할 뿐이다.

"빨리 말씀해 주십시오. 어뢰 발사 준비는 벌써 완료됐습니다. 적은 아주 가까운 곳에 있습니다!"

"음, 음, 음…… 아무래도 안 돼. 이봐 선임 장교, 잠깐 들여다보게."

선임 장교는 함장을 대신하여 잠망경에 달려들었다.

"적의 항공모함 가까이 있음, 진로는……."

여기서 선임 장교도 숨을 죽인다.

"무엇을 하는 거야. 자! 아무 데나 마구 쏘자. 한발씩 각도를 바꾼다. 제1발은 아무튼 목표 방향! 발사!"

이리하여 약간씩 우로 수정하면서 6개의 어뢰가 발사되었다. 목표 가

까이에 도달할 때까지 어뢰의 간격은 상당히 떨어져 있다. 1발이라도 명중하면 행운이다.

"어뢰의 궤적상에 물기둥이 솟는다!"

라고 선임 장교가 소리친다.

"명중인가!"

사령탑 안의 전원이 엉겁결에 돌아본다. 명중치고는 시간이 너무 빠르고 소리도 들리지 않는다.

"물기둥 속에 비행기의 꼬리날개가 보였습니다. 비행기 추락의 물기둥으로 생각됩니다."

"그러면 X국의 비행사 녀석, 어뢰 궤적을 발견하고 비행기째로 돌진했나? 그래도 용감한 놈이다."

라고 함장이 시치미를 뗐을 때 명중음이 울렸다.

"명중! 즉시 잠항 엔진 스톱!"

알바코아호는 적의 구축함의 폭뢰 공격을 가만히 견디고 마침내 탈출에 성공했다. 브랜차드 함장은 하와이 사령부에 타전했다.

"적의 항공모함 '쇼카쿠'형 1척 격파."

그러나 알바코아호의 전과는 그 승무원이 생각하고 있었던 것보다 훨씬 컸고 반대로 X국군 측은 매우 큰 불행을 당했다.

A국 측의 행운은 수뢰장의 판단에 있었다. 6개의 어뢰의 마구잡이 발사……. 그중 1발만이 「타이호」에 명중한 것이다. 「타이호」는 3만2천 톤,

「카가」, 「아카기」가 침몰한 뒤의 X국군 항공모함의 최정예다. 비행갑판은 X국 공업력의 정수(精髓)를 모은 강판으로 덮였고 함정의 바닥은 작은 구획으로 나누어져 침수를 몇 겹이나 막을 수 있도록 되어 있다.

알바코아호가 발사한 어뢰는 앞부분 엘리베이터 부근에 명중했는데 이러한 것을 모르는 듯 「타이호」는 고속으로 전진한다. 함교(艦橋)도 함내도 평상시와 다를 게 없다. 그러나 이때 모함의 밑바닥 앞쪽에 있는 가솔린 탱크에서 가솔린이 기체가 돼서 새어 나오고 있었다.

뇌격을 받은 것이 오전 8시 10분, 그로부터 6시간 남짓 계속 달린 「타이호」는 오후 2시 32분에 전기 스파크가 새어 나온 가솔린에 점화하여 대폭발을 일으키고 거듭 그로부터 4시간 후인 6시 28분 사이판섬 서방 1,000킬로미터 채 못 되는 바닷속에 침몰했다. 이보다 조금 전, 자기편 군함인 「쇼카쿠」도 4발의 어뢰를 맞아 오후 2시에 거의 같은 장소에 침몰하고 있다.

X국 해군은 옛날부터 A국을 가상 적국으로 삼아 작전을 연마해 왔다. 함정의 절대수가 뒤떨어지는 X국군은 먼저 잠수함으로 적의 병력을 30% 삭감해 비슷비슷한 힘으로 정면충돌하여 자웅을 가리는 것을 상도(常道)로 삼아 왔다. 그런데 이 해전에서는 반대로 A국 측에 그 장기(長技)를 빼앗겼다. 그리고 어뢰에 피격당하기 전에 항공모함에서 띄운 전폭 혼성의 비행기군도 대부분은 괌섬 상공에서 A국 전투기부대의 희생물이 돼버렸다.

홀연히 나타나는 X국 군대

마리아나 앞바다 해전에서 A국 해군은 대승했다. 그러나 이 무렵을 갈림길로 하여 X국의 군대에 불가사의한 현상이 일어나기 시작하고 있었다.

먼저 대략 7월 초순까지 사이판섬의 점령을 끝낸 A국군은 7월 하순에 티니안섬과 괌섬을 단숨에 덮치려 했다. 특히 괌섬에 대한 상륙전의 함포사격, 폭격은 굉장하여 항공모함에서 발진한 폭격기, 공격기는 매일 합계 3천 대에 달하고 해안진지나 산허리의 포대 또는 비행장에 쏟아부은 함포의 탄환은 3만 발이나 되었다. 이만큼의 화약이 폭발하면 진지 내에 인간이 생존해 있다는 것은 불가능할 것이다. 7월 21일 새벽, 일제히 상륙을 개시한 A국군은 마치 사람이 없는 들판을 가는 것과 같았어야 할 것이다.

그런데 상륙용 소형 보트들이 육지에서 300미터 정도 떨어진 산호초에 당도하자마자 갑자기 해안선에 X국의 군대가 나타나 대포와 기관총으로 A국군에게 연속 사격을 한 것이다. 놀란 A국군은 파괴된 보트를 남긴 채 앞바다로 퇴각한다. 그랬더니 해안의 수비병들이 안개처럼 사라져 버린다.

다시 함포사격과 폭격을 하고 소형 보트가 접근하면 또 기관총을 난사해 온다. 이에 넌더리가 난 A국군은 다시 한번 진용을 가다듬고 섬의 진지뿐 아니고 산악지대나 평탄한 황무지에도 무차별 포격과 융단폭격을 했다.

이번에는 과연 수비병의 수가 감소했다. 거듭 A국군은 상륙부대의 전진과 동시에 해안에 함포사격을 가했다. 자기편을 해치게 되는 위험을 무릅쓰고 감행한 이 공격법은 성공했다. 많은 사상자를 내면서도 상륙부대는

안개처럼 사라진 부대

해안에 교두보를 구축해 갔다. 해안선에는 엄청난 수의 X국군 병사의 시체가 깔려 있었다.

마리아나군도를 수중에 넣은 A국군은 9월 15일 그 서남에 있는 팔라우군도 중 페리류섬에도 상륙을 개시했다. 여기서 X국군의 행동도 신출귀몰이었다.

그러나 X국 군대의 큰 결점은 스스로가 공격할 때는 그 모습을 적 앞에 노출하지 않으면 안 되는 것이었다. 게다가 장비도 병력도 A국군에 비해서 훨씬 뒤떨어져 있었다. X국군은 잘 버텼지만 상륙군의 압도적인 물량으로 인해 차츰 산악지역으로 쫓겨갔고 11월 말 이후 마침내 A국군 앞에 모습을 나타내지 않게 되었다.

긴급회의

장소는 워싱턴의 백악관, 때는 1944년 10월 상순, 대통령 루스벨트는 비공식으로 중요인물을 소집하고 있었다. 스팀슨 육군장관, 바네버 부시 과학연구국장, 코난트 국방연구위원회장 등 과학부문의 담당자가 많았다. 거듭 전 X국 주재 대사, 대사관 소속 무관 등의 X국통(通) 등이 참석함으로써 이 회의가 X국 대책회의라는 것은 참석한 누구의 눈에도 분명했다. 학자진의 얼굴도 보인다. 물리학자 오펜하이머, 이탈리아 태생의 엔리코 페르미, 당시 A국에 건너가 있던 닐스 보어도 동석하고 있었다.

"유럽 전선에서는 모든 것이 순조롭게 진행되고 있습니다. 파리도 이미 해방되었고 나머지는 독일로 쳐들어갈 기회가 오기를 기다릴 뿐입니다. 오늘은 태평양 전선으로 화제를 압축하여 X국에 대한 전략에 대해서 여러분의 지혜를 빌리고자 합니다."

이렇게 말한 대통령은 페르미, 보어 쪽으로 얼굴을 돌린다.

"전선으로부터의 보고에 따르면 이 수개월 동안의 X국 군대의 행동은 완전히 기묘하다고밖에는 말할 수 없습니다. 공격을 개시하면 안개처럼 사라져 버린다…… 그런데도 보병이 진격하면 어디서부터라 할 것 없이 모습을 나타낸다. 상륙부대는 그들의 존재, 이동 방향을 파악하는 데 이제까지 없었던 고생을 하는 것 같습니다."

이것은 육군 장관의 발언이다. 군사고문인 리히 해군 대장도 "해군에서도 참으로 불가사의한 일이 일어나고 있습니다. 우리 잠수함이 적의 모습을 인지했을 때, 유독 잠수함뿐 아니고 초계기나 구축함이 적의 함정에 마주치는 경우도 많이 있었습니다만 그때마다 들어오는 보고는 '적의 함정이 보이지만 그 속도는 완전히 불명'이라는 모두 묘한 일만 보고해 옵니다. 처음에는 레이더의 고장으로 생각하여 모든 함정의 레이더를 조사했습니다. 하지만 무엇 하나 결함이 없습니다. 우리편 군함은 아무리 멀리 떨어져 있어도 레이더에 그 위치 및 속도가 명확하게 기록됩니다. 그런데 적의 군함은 레이더뿐 아니고 잠망경을 통해서 또는 비행기 위에서 실제로 육안으로 보아도 속도를 전혀 알 수 없다고 보고되어 있습니다."라고 말하며 과학진 쪽으로 눈을 돌렸다.

"이 때문에 수개월 동안 적의 함정을 보면서도 격침에 실패한 예가 제법 많이 있습니다. 우리도 처음에는 그런 바보 같은 일이 어디에 있는가라고 전선부대를 호되게 야단쳤습니다만, 아무래도 야단쳐서 끝나는 문제가 아닌 것 같습니다. 이 불리한 조건을 극복하여 적의 항공모함 「타이호」를 격침한 브랜차드 소령의 공적은 충분히 인정되어도 좋다고 생각합니다."

"육해군으로부터의 보고는 들으신 대로입니다. 그런데 물리학자인 선생님들은 이 사태를 어떻게 보고 계십니까?"

루스벨트는 다시 질문했다.

"불가사의라고밖에는 말할 수가 없군요"라고 말하고 연구국장은 팔짱을 낀다.

"이것은 경우에 따라서는 뜻밖의 연구 성과일지도 모릅니다. 거의 틀림없이 X국의 군대는 양자물리학의 세계를 확대하여 군사 무기에까지 응용한 것은 아닐까요……."

페르미의 말에 이어서 보어는

"그렇습니다. 저도 페르미 씨와 같은 의견입니다. 적군의 위치가 판명되었을 때는 속도를 모릅니다. 반대로 속도를 조사하면 적의 함정의 장소를 전혀 알 수 없게 됩니다……."

"양자물리학의 세계라고요? 도대체 그러한 현상이 있을 수 있는 것입니까?"

"있습니다. 학자는 이것을 불확정성 원리라 부르고 있습니다. 남태평양의 섬을 지키고 있는 X국의 육군도 아마 이 원리 하에 행동하고 있겠지요."

"X국군이 그러한 신무기를 만들어 냈다고는 믿어지지 않습니다. 나는 전쟁 개시 직전의 X국의 공업력, 과학 수준을 충분히 알고 있다고 생각하는 데 불과 3년 동안에 거기까지 연구가 진척되었다고는 도저히 생각할 수 없습니다. 게다가 현재의 X국의 종합적인 국력은 상당히 저하하고 있을 것입니다."

"X국은 잠수함으로 동맹국인 독일과 연락하는 데 성공하고 있습니다. 아마 아프리카의 남쪽을 우회하여 항행(航行)한 것으로 생각됩니다. 이때 X국은 독일로부터 큰 「h」를 가지고 돌아왔겠지요."

"네? 「h」라니요."

"그렇습니다. 그것이 그들의 비밀무기입니다. 완전히 물리적인 법칙으로부터 고안해 낸 것입니다."

"그러나 교수님, 독일의 유명한 물리학자는 모두 히틀러에게 추방되어 우리 A국 또는 영국으로 건너가 버리지 않았습니까? 상대성 원리의 아인슈타인은 10년 전에 A국에 와서 현재는 프린스턴에 있습니다. 막스 보른도 괴팅겐에서 케임브리지로 옮겼습니다. 그리고 여기에 계신 페르미 교수와 당신 즉 보어 선생도 히틀러가 싫어서 영국으로 건너갔다고 들었습니다. 일류의 물리학자는 컴프턴, 로렌스, 그리고 여기에 참석하신 오펜하이머 교수, 모두가 우리 진영에 있을 것입니다."

"기, 기다려 주십시오."

보어는 약간 당황했다.

"저는 단순한 여행자이고…… 가급적 빠른 기회에 영국으로 돌아갈 생각입니다. 그리고 독일의 패배를 이 눈으로 확인하면 당장이라도 코펜하겐으로 돌아가서 덴마크가 자랑하는 이론물리학 연구소를 재건하려고 생각하고 있습니다."

"아니, 정말 실례했습니다. 그러나 지금의 독일에 그만큼의 물리학자가 있을까요……. 아, 생각났습니다. 조리오 퀴리. 그는 확실히 프랑스에 있었지요. 그러나 프랑스는 벌써 연합군에 의해서 탈환되었을 것이고…… 게다가 그는 풍문에 따르면 공산당원이 되었다고도 하는데 설마 독일군에게 협력했다고는 생각되지 않습니다."

"퀴리가 아닙니다."

보어는 단호하게 말했다.

"그러면 도대체 누구입니까?"

"독일에는 지금 한 사람, 위대한 물리학자가 있습니다. 게다가 한창 젊은 나이이고. 그렇습니다. 꼭 여기 계시는 페르미 씨와 같은 정도……. 40세를 얼마 넘지 않았겠지요. 하이젠베르크라고 합니다. 그는 지금 카이저 빌헬름 연구소에 있을 것입니다"

"음, 하이젠베르크…… 알고 있습니다. 그는 약 10년 전에 노벨상을 받았지요."

"그렇습니다. 31세에 노벨상을 받은 천재입니다. 많은 물리학자가 독일을 떠난 후에도 그만은 독일을 버리지 않았습니다."

"그렇다면 그는 나치, 즉 히틀러의 협력자입니까?"

"그렇게 생각하고 있는 물리학자도 있습니다. 이전에 카이저 빌헬름 연구소의 주임교수였던 네덜란드인인 디바이는 히틀러가 싫어서 현재 A국에 건너와 살고 있는데, 이 디바이는 하이젠베르크를 좋게 생각하고 있지 않은 사람의 하나겠지요.

그러나 우리가 아직 코펜하겐에 있을 무렵 당시 괴팅겐에 있었던 하이젠베르크를 초빙하여 함께 3년간의 연구생활을 보냈습니다. 그 무렵 그는 아직 20대였으나 탁월한 두뇌의 소유자였습니다. 나는 그를 잘 알고 있습니다. 독일군이 덴마크를 점령하여 나의 신변에도 위험이 닥쳐 마침내 스웨덴으로 도피하려고 준비하고 있을 무렵 하이젠베르크는 나를 찾아왔습니다. 그는 전쟁의 앞날을 우려하고 있었습니다. 아마 전쟁에 의한 파괴를 가장 크게 걱정하고 있는 사람의 하나라 할 수 있겠지요. 그가 나치당원이라는 것은 헛소문이 틀림없습니다.

그러나 그는 독일인입니다. 내가 덴마크를 사랑하고 당신들이 A국을 생각하며 X국의 군인들이 자기 나라를 위하여 죽어가는 것과 마찬가지로 그는 조국인 독일을 사랑하고 있습니다.

상세한 것은 모릅니다. 아마 히틀러는 그의 연구를 교묘하게 이용했겠지요. 아무튼 서둘러 대책을 세워서 전선의 부대에 알릴 필요가 있습니다."

수리가오 해협의 해전

1944년 10월 20일 오전 10시, A국군의 4개 사단 9만 명이 필리핀 군도의 거의 중앙에 있는 레이테섬에 상륙했다. 이곳을 지키는 X국의 육군은

1만 명도 되지 않는다. 그래서 X국 해군은 전력을 다하여 레이테만에 돌입하게 되었다.

A국 측은 당연히 X국군의 반격을 예상했다. X국 해군은 북에 있는 본국으로부터 일거에 남하해 오든지 서남의 보르네오 기지로부터 해협을 빠져서 레이테만으로 들어오든지 할 것이다. 어느 것인가이다. 북부해역에서는 니미츠 제독 휘하의 하르제 제3함대가 적을 맞이하여 공격하고 남부방면은 맥아더 장군의 지휘하에 있는 킹케이드 제7함대가 우군의 상륙부대를 엄호하기로 되어 있었다.

남부로부터 레이테만에 침입하려면 좁은 수리가오 해협을 지나지 않으면 안 된다. 워싱턴으로부터 극비 지령을 받고 있던 제7함대는 참으로 교묘한 전법을 취했다. 먼저 해협의 가장 남쪽에 다수의 어뢰정을 배치했다. 이것은 해협 안을 자유자재로 돌아다니는 유격대다. 그 북쪽에는 구축함대

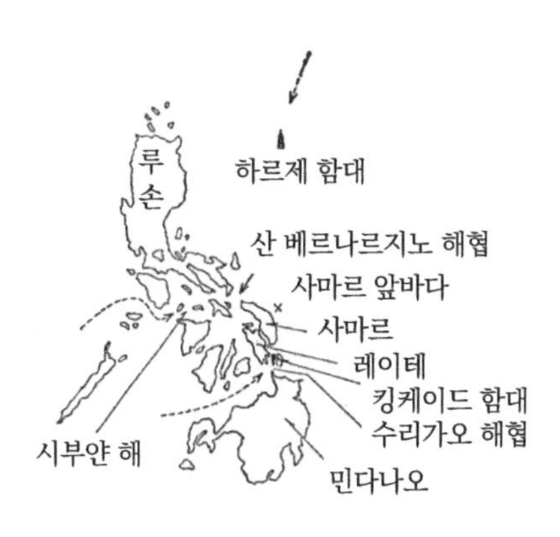

그림 22 | X국 함대의 진로(점선)

를 두고 언제든지 어뢰 공격을 할 수 있는 준비를 했다. 해협의 가장 북쪽 즉 레이테만으로 통하는 부근은 진주만에서 인양해서 긴급 수리한 6척의 전함과 8척의 순양함을 가로로 배열하여 수리가오 해협을 완전히 봉쇄해 버렸다. 이 3단계 대응태세 속에 X국군 함대는 쳐들어 왔다. 때는 9월 25일 오전 2시가 지났고, A국의 어뢰정과 구축함대는 어둠을 향해서 무턱대고 어뢰를 발사한다. X국군의 2척의 구축함은 순식간에 굉침(轟沈)되었고 거듭 그 후방의 해면에서 큰 불기둥이 올라간다. 틀림없이 X국의 전함 「야마시로」다.

「야마시로」를 잃은 X국군은 여전히 쳐들어올 기세다. 이에 대항해서 A국 제7함대의 전함, 순양함은 주포(主砲) 전체와 한쪽의 부포(副砲)를 좁은 해협 안에 연속 사격했다. 이에 반해서 X국군 측은 앞부분의 주포밖에 사용할 수 없다. A국군은 한때 X국 해군의 토고 제독이 러시아 함대를 맞아서 사용한 T자 전법을 그대로 활용했다.

X국군의 함대는 차례로 포탄을 맞아 모습을 나타낸다. 전함 「후소」가 불타오르고 순양함 「모가미」도 검은 연기에 싸이고 1척의 구축함은 연기를 토하면서 후퇴한다. 이리하여 X국군 함대는 완전히 패퇴해 버렸다.

이 바로 뒤에 또다시 X국군의 별개 함대가 수리가오 해협에 침입해 왔다. 군함의 모습은…… 적에게 모습을 보이지 않는 것은 자기편에서 보아도 모른다. 망막(茫漠) 함대……. 이 망막함 때문에 얄궂게도 X국군은 적이 아니라 자기편에 손상을 입혀 버렸다. 손상을 입은 제1차 돌입부대인 「모가미」는 갑자기 제2차 돌입대인 자기편 군함에 충돌해 버렸다. 「모가미」의 좌현에 큰 구멍을 내고 모습을 나타낸 것은 순양함 「나치」다. 결국 「나치」는 자력으로 기지로 되돌아갔으나 「모가미」는 마침내 침몰했다. 제2차 돌입부대도 제7함대에 어뢰 공격을 했으나 아무런 전과도 올리지 못하고 패퇴한다. X국 해군은 한때 대한해협에서 옛날 러시아의 발틱 함대에게 퍼펙트게임 승을 얻었으나 수리가오 해전에서는 반대로—양군 모두 구식 함대이기는 했으나—퍼펙트게임을 당했다.

쌍방의 신예 함대는

수리가오 해협에서 싸운 것이 구식 함대라면 신예 함대는 어디에 있었는가?

제식 항공모함 4척을 중심으로 하는 A국의 대부대는 하르제 제독 지휘하에 루손섬 동방양상에서 남하해 오는 X국군의 함대를 맹공격 중이었다. 아무리 둔갑술을 쓰는 함대라고는 하지만 이에 덤벼드는 A국 제3함대는 너무나도 다량이었다. 하르제는 필리핀 주변의 신예 함정을 모조리 루손섬 동방으로 집결시킨 것이다. 중과부적, X국군은 제식 항공모함 「즈이가쿠」를 잃고 개조한 항공모함 「즈이호」, 「치요다」, 「치토세」도 침몰했다. 그러나 A국도 제식 항공모함 「프린스턴」을 잃었다. 어디서 슬며시 다가왔는지 X국 해군의 함상 폭격기 「스이세이」가 갑자기 모습을 나타내서 250킬로그램 폭탄을 비행 갑판에 투하한 것이다.

한편 X국의 전함, 순양함과 다수의 구축함은 레이테섬의 정확히 안쪽, 서북부에 해당하는 시부얀해에 있었으나 이쪽의 함대도 A국군의 비행기와 잠수함의 파상(波狀) 공격에 노출되어 '불침함'(不沈艦)이라 일컬었던 6만9천5백 톤급 「무사시」는 만신창이가 되어 침몰해 버렸다. 순양함 「아타고」, 「마야」, 「다카오」도 어뢰를 맞아 상처를 입은 X국 함대는 간신히 서쪽을 향해서 패주했던 것으로 생각되었다.

재난이 계속되는 A국 호위 항공모함군

그로부터 조금 뒤, 정확히는 10월 25일 6시 45분. 레이테섬의 바로 북에 있는 사마르섬의 앞바다를 호위 항공모함 6척, 구축함 3척 그리고 호위 구축함 4척으로 편성된 A국 함대가 초계하고 있었다. 함대라고 하면 듣는 느낌이 좋지만 호위 항공모함이란 원래 상선이나 유조선이었던 것을 개조한 임시변통의 것이고 속력은 고작 18노트, 탑재기는 큰 함정이라야 겨우 36대, 개중에는 그 절반밖에 수용할 수 없는 것도 있다. 자기편의 상륙작전을 엄호하거나 색적기를 띄워서 적의 함대나 잠수함을 탐색하는 것이 주된 임무이고 정면으로 적을 맞대놓고 전투할 수 있는 함정은 아니다.

이날도 초계라고는 하지만 좁은 레이테만 안을 어슬렁거리고 있다가는 방해가 될 뿐이어서 맥아더로부터 보기 좋게 쫓겨났다고 말하는 편이 적절한 것 같다.

사령관 스프레이그 소장은 기함 「패션 베이」의 함교에서 모닝커피를 마시고 있었다. 이때 초계기로부터의 무선 전화로 "북방 해상에 무언가…… 대함대 같은 것이…… 있는 것 같고……"라고 목소리는 크지만 어쩐지 미덥지 못한 보고가 들어왔다.

"이 바보야! 무슨 잠꼬대를 하는 거야! 있는 것 같다가 뭐야! 벌써 날이 밝았잖아!"

라고 제독은 되받아 소리를 지른다.

"네! 확실히 해양상에…… 무언가 조금씩 조금씩…… 군함의 모습 비슷한 것이 다수……."

"귀관은 초계기에 몇 년 타고 있는 거야! 오늘은 지구의 반대쪽까지 보일 것 같은 맑은 날씨잖아! 그렇다면 귀관이 있는 곳에만 안개가 끼어 있다는 건가!"

"아닙니다, 제독님. 시계도 극히 양호합니다. 시계 양호, 시계 양호. 다만…… 어쩐지…… 아니, 확실히 있습니다. 조금은 명확해졌습니다. 전함, 순양함, 게다가 구축함도 있는 모양입니다."

"무엇이 모양이야! 도대체 몇 척 정도 있는 거야!"

"네, 중앙에 대형 함정이 5척 정도…… 주위에는 구축함대가 다수 호위하고 있는 모양…… 아니, 호위하고 있습니다."

"더 눈을 크게 뜨고 잘 감시하는 거야. 그건 그렇고 하르제 함대는 벌써 철수했는가. 조금 이상하군."

스프레이그는 함교의 감시를 한층 엄중하게 시켰다. 그 무렵 「패션베이」의 레이더에도 대함대 비슷한 것의 모습이 차츰 명확하게 나타났다.

"이쪽의 초계기는 적입니다. 적의 함정입니다. X국입니다."

"이 바보. 더 잘 확인해!"

"확실히 X국입니다. 파고다 마스트입니다. 우군에는 그런 형태의 마스트를 가진 군함은 없습니다."

「패션 베이」에는 대소동이 벌어졌다. 전체 함정에 전투 준비 호령이 떨어졌다.

"함정은 무엇인가! 적의 함정은 몇 척인가!"

"네! 적의 함정은 중앙에…… 그…… 「무사시」입니다."

"이 바보! 「무사시」는 어제 격침시켰다! 무슨 잠꼬대야!"

"네! 그러면 「야마토」입니다."

"정말인가!"

스프레이그 제독에게는, 아니 이 호위 항공모함군의 누구라도 생애에서 가장 놀란 순간이었음이 틀림없다. 함정 전체가 벌집을 쑤셔놓은 것처럼 떠들썩했다.

"전속력! 항공모함은 전체 비행기 전부 발진! 전체 함정 좌향으로 키를 바짝 꺾어라, 발진 후 전속력으로 퇴피!"

편안하게 잠을 자고 있던 함대치고는 솜씨가 좋았다. 북상 중인 함대는 급히 서둘러 서에서 남으로 도주한다. 너무 서둘러서 좌선회했기 때문에 갑판 위의 비행기가 해상으로 내팽개쳐진 항공모함도 있다.

감시원이 쌍안경으로 적의 함정을 인지하고 나서 불과 5분도 지나기 전에 항공모함군 사이에 적의 포격에 의한 물기둥이 솟기 시작했다. 「야마토」의 46센티미터 포탄과 「콩고」와 「하루나」의 36센티미터 포탄은 아주 가까운 거리에 낙하하고, 그들 후방에서 포격하고 있는 「나가토」의 40센티미터 포탄도 윙 소리를 내면서 날아온다. 물기둥은 적색, 황색, 청색, 녹색으로 물들고 X국 함대는 자기 함정의 탄적(彈跡)을 색깔로 확인하고 있다.

항공모함군은 도망가는 길밖에 없다. 아무리 발버둥쳐도 세계 최대의 전함에 이길 리가 없다. 항공모함군은 마스트가 꺾이고 캐터펄트(catapult)가 부서진 채로 도망가려고 갈팡질팡한다. 함체가 너무 약하기 때문에 전함이 발사하는 철갑탄은 폭발하지 않고 우현에서 좌현으로 관통해 버린다.

결국 항공모함 「감비아 베이」와 3척의 구축함이 침몰했다. 하지만 X국의 전함도 A국 구축함으로부터 괴롭힘을 당했다. A국의 느린 어뢰의 사이에 끼어 적과 반대 방향의 북방으로 달리지 않을 수 없었다. 그동안에 시간을 번 항공모함군은 스콜(squall) 속으로 도망쳐 버렸다.

그러나 스프레이그 제독은 이것으로 재난을 면한 것은 아니었다. 적의 주의가 미치지 않는 장소까지 멀리 달아나서 항공모함군은 후우 하고 한숨 돌린다……. 이때가 25일 오전 10시 40분이다.

이때 호위 항공모함의 한 척인 「세인트로」의 함교에서 감시원이 갑자기 "적기 나타남! 돌진해 온다……."라고 소리 질렀다. 갑자기 눈앞에 나타난 기체를 적기로 판단한 것은 훌륭하지만 아마 순간의 공포가 수병(水兵)으로 하여금 '적기'라고 소리 지르게 한 것은 아닐까. 그 적기는…… 어뢰 공격하기에도 폭탄투하 하기에도…… 벌써 거리가 너무 가깝다…… 라고 생각한 순간, 모함의 동체가 폭발하고 함교에 있는 전원이 비틀거린다.

"또 1대 나타남!"

감시원이 쓰러지면서 외쳤다. 같은 장소에서 두 번째 폭발이 일어난다.

"감시원은 적기가 보이지 않는가! 기총 사수는 무엇하고 있어!"

함장의 외치는 소리도 검은 연기로 사라져 버렸다.

거의 전후로 하여 호위 항공모함 「카리닌 베이」, 「키트칸 베이」, 「화이트 브레인」에게도 마찬가지 일이 일어났다. 갑자기 정체를 보인 폭장기(爆裝機)…… 게다가 그 '자폭'이 의외의 공격에 따라 「세인트로」는 침몰하고 그 밖의 3척은 손상을 입었다.

이것이 후에 유명해진 X국의 가미가제 특공기였다. A국군은 머지않아 X국의 라디오 방송으로 이 특공기군이 「시키시마대」이고 그 대장은 세키 대위라는 것을 알게 되었다.

호위 함공모함군은 이처럼 호되게 당했는데…… A국군으로서 가장 다행이었던 것은 「야마토」를 중심으로 하는 X국군의 대함대가 그것이 나타났을 때와 마찬가지로 사마르섬 앞바다에서 지워버린 것처럼 보이지 않게 돼버린 일이다. 북방 함대인 하르제가 필사적인 남방 함대의 원조 요청에 호응하여 고속 전함 몇 척을 사마르섬 부근까지 접근시켰을 때 X국 함대는 한 조각의 파편도 남기지 않고 증발했다.

또 수훈을 세운 A국 잠수함

레이테만 해전으로부터 대략 1개월 후 정확히는 1944년 11월 29일 새벽, A국의 잠수함 「아쳐 피시」는 X국 연안 바로 가까이, 엔슈탄 앞바다에 잠수하고 있었다. X국의 내부에 잠입하여 은밀히 활약하고 있는 첩보부원으로부터의 보고에 따르면 이날 대형 항공모함 「시나노」가 요코스카 군항을 출항하여 이 장소를 지나서 쿠레 군항으로 향한다는 것은 거의 의심의 여지가 없었다. 「시나노」는 원래 「야마토」, 「무사시」의 자매함으로서 건조되었으나 중도에서 항공모함으로 변경된 것이다. 배수량 7만 톤, 물론 세계 최대의 항공모함이다. 10일 전에 막 준공된 것이고 완전무장을 위하여 쿠레 군항으로 회항하는 것이다.

오전 3시 12분, 「아쳐 피시」가 올린 잠망경에 대항공모함이 비친다. 더구나 거리는 1,000미터가 채 못 된다.

"시나노 발견! 어뢰 발사 준비!"

함장인 엔라이트 중령이 고함친다.

"적의 진로는?"

하는 수뢰장의 목소리에

"진로는 완전히 불명. 일제 사격 준비!"

라고 계속해서 외친다. 함장은 침착하다.

"예에 따라 X국의 함정은 어느 쪽으로 진행하고 있는지 전혀 모른다. 상관없으니까 6발을 날려버려."

"발사 각도는 어느 정도로 벌립니까?"

"상관없어! 전부 한 점을 겨냥해!"

"함장님, 그러면 어뢰는 한 발도 맞지 않습니다. 아니, 전부 빗나갈 공산이 매우 큽니다."

"발사 각도를 바꾸면 확실히 1발은 맞을지 모른다. 그러나 잘 생각해 봐. 「시나노」는 베니아판으로 만들어진 것이 아니야. 1발만 명중한다고 해서 어떻게도 안 돼. 흥하든 망하든이야. 한 점을 겨냥해서 일제 사격한다."

이리하여 6발의 어뢰는 「시나노」를 향해서 달리기 시작했다. 「아쳐 피시」는 바로 잠항하여 퇴피한다.

마침내 명중음이 네 번 들렸다. 「시나노」의 함정 밑바닥의 같은 장소를 4발의 어뢰가 강타했다. 구축함의 폭뢰 공격을 피해…… 몇십 분인가 지나서 잠망경으로 들여다보았을 때 「시나노」는 멀리 서남방으로 달려서 사라졌다.

그러나…… 이 4발의 어뢰가 「시나노」를 격침한 것이다. 이 초대형 항공모함은 어뢰를 맞고도 몇 시간 계속 달렸으나 침수 때문에 서서히 경사가 심해지고 10시 15분, 시오노곶 남방 160킬로미터의 앞바다 부근에서 침몰했다.

그러나 수훈을 세운 잠수함 「아쳐 피시」는 나중의 해전에서 X국 해군 구축함의 폭뢰 공격을 받아 떠오르지 않았고, 함장 엔라이트 중령은 자기 손으로 7만 톤의 항공모함을 격침한 것도 모른 채 전사한 것이다.

재차 긴급회의

1945년 연초, 마찬가지로 백악관. 참석한 멤버는 전번과 마찬가지.

"적은 비밀무기를 소유하고 있으면서도 아군의 압도적인 공세 앞에 패배를 계속하고 있습니다. 아군은 레이테섬을 완전히 점령하고 수일 안에 필리핀 본토의 링가엔만으로 상륙하게 되어 있습니다.

전국(戰局)은 순조롭게 진전되고 있으나 되돌아보면 아군의 전승의 배후에는 많은 행운이 있었다고 생각합니다.

특히 사마르 앞바다 해전은 확실히 식은땀이 나는 느낌입니다. 거기에서 만일 「야마토」가 그대로 돌진해 왔다면 레이터 작전은 어떻게 되었을지 모릅니다. 그런데 저 X국 함대는 어떻게 해서 사마르 앞바다에 다가온 것일까요?"

최초로 발언한 것은 리히 해군대장이다. 페르미가 대답한다.

"아무리 큰 'h'를 가진 함대라도 군함이 설마 육지를 달릴 수는 없습니다. 아마 산 베르나르지노 해협을 지나온 것이 틀림없습니다."

"나도 그렇게 생각하고 있습니다. 아군은 해협의 출구로부터 사마르 앞바다에 걸친 방비가 완전히 허술했습니다. 맥아더는 북방의 X국군의 함대에 정신을 뺏겨서 해협의 수비를 잊은 하르제 제독을 비난하고 있습니다. 한편 니미츠는 해협의 출구는 당연히 킹케이드 제독이 제압하지 않으면 안된다고 제7함대의 행동에 불만을 갖고 있는 것 같습니다."

"책임 문제는 뒤로 돌립시다. 그것보다도 앞으로의 X국 대책에 지혜를 모았으면 합니다."

라고 루스벨트는 이야기의 방향을 바꿨다.

"적을 발견해도 그 진로를 알 수 없어 공격에 실패한 일도 여러 번입니다. 적에게 '*h*'라는 무기가 있으면서도 아군이 백중지세 이상으로 싸울 수 있었던 것은 적의 전파무기가 뒤떨어져 있던 탓이라고 생각합니다."

"그들의 기기는 그렇게 나쁜가요?"

"나는 X국에 15년이나 있었기 때문에…… X국 사람들의 기질을 잘 알고 있다고 생각합니다. 그들은 직접 적을 타격하는 무기에 온갖 정력을 소모하고 있습니다. 대전함 또는 제로 파이터, 어뢰 등도 우리 것보다 훨씬 우수합니다. 반면 2차적인 무기 예컨대 레이더, 소나, 오토 파일럿 장치 등은 아군보다도 뒤떨어지는 것 같습니다. 미확인 정보지만 그들은 태평양 연안의 시마다라는 도시에 물리학자의 수뇌를 소집해서 살인광선의 연구를 하고 있다는 소문도 있습니다."

"그렇군요. X국인의 사고방식을 조금은 안 것 같습니다. 그러면 문제는 적의 '*h*' 무기에 대한 방책인데…… 갑자기 나타나서 우리 함정에 충돌하는 「가미가제」에 대해서는 어떻게 대처하는 것이 가장 효과적일까요?"

"적기가 보이고 나서는 너무 늦습니다."

라고 페르미가 답변한다.

"보이기 전에 격추하지 않으면 안 됩니다."

"보이지 않는 비행기를 떨어뜨리다니요……."

"공격해 오는 「가미가제」는 함정 부근의 어딘가에 있을 것입니다. 아니,

정확히 말하면 함정 주위의 어디에나 있습니다. 1대의 가미가제가 함정의 전후좌우에서 돌진해 오는 것입니다. 대공 기총은 확률적으로 상대방을 처치하게 됩니다."

"확률적이라니요……, 확실히 격추하지 않으면 곤란합니다."

"그렇습니다. 그를 위해서 확률을 1로 하면 되는 것입니다. 함정에 과감하게 많은 고각(高角) 기총을 설치하십시오. 절대로 사각(死角)이 없도록 말입니다. 전체 기총이 일제히 사격을 개시하여 함정의 주위에 탄막(彈幕)을 칩니다. 당분간 항공모함과 전함에 말이지요. 「가미가제」는 대형 함정밖에는 노리지 않으니까요."

"그렇군요. 즉시 실행합시다."

"이야기가 비약합니다마는 사이판 기지에서 X국 본토를 폭격하고 있는 비행사의 보고에 따르면 X국의 도시 그 자체가 몽롱해져 있는 것 같습니다. 보어 선생이 말씀하신 큰 'h'가 도시 전체를 싸고 있다고 생각됩니다."

"그쪽 대책이라면 여기 계시는 오펜하이머 선생에게 부탁했습니다."

라며 루스벨트는 학자진 쪽을 보았다.

"저로서는…… 이 연구는 아마 어느 나라의 물리학자도 생각하고 있다고 생각합니다. 가장 무서운 것은 히틀러입니다. 그는 노르웨이를 점령하자마자 즉시 노르스크 히드로 전해(電解) 공장을 접수했습니다. 다행히 공장은 영국 첩보부원의 손으로 파괴했습니다만 이 연구에는 중수(重水)가 필요합니다.

독일에는 일전에도 이야기가 나온 하이젠베르크가 있습니다. 히틀러가 그를 이용하기 전에 우리들의 손으로 완성하지 않으면 안 됩니다. 그 때문에 특별과학위원으로서 컴프턴, 로렌츠, 그리고 여기에 있는 페르미가 가담하고 있습니다. 다만 저의 희망을 말씀드린다면…… 이 연구는 어디까지나 연구로서 끝났으면 하는 것입니다."

SF 전쟁의 종결

A국군은 1945년 2월 19일, 유황도(硫黃島)에 상륙하고 여기를 수비하는 X국군보다도 많은 사상자를 내면서도 드디어 점령했다. 마찬가지로 4월 1일에는 오키나와 본섬에 병사를 전진시켜 X국의 육군이나 민간인을 섬의 남부로 압박해 갔다.

이 사이에 X국군의 가미가제기는 여러 번 A국 함대를 습격했다.

A국 항공모함 함상에서는 갑자기 사격 개시의 구령이 떨어진다.

"이봐, 쏘는 거야. 도대체 어디를 쏘란 말이야. 공중을 향해서 총알을 날리다니 우리나라도 어지간히 총알이 남아도는 것 같군. 게다가 이 탄환 말이야, 전부 우리 세금으로 만들고 있는 거야."

"대장의 명령이야. 투덜대지 말고 신나게 쏘면 되는 거야. 쐈다고 해서 우리 지갑이 가벼워지는 것은 아니잖아."

저쪽에서도 이쪽에서도

"따따따……."

요란하게 기총소리가 울린다. 수병이 차례차례 탄약상자를 운반해 온다.

"이봐, 탄환은 얼마든지 있어. 이렇게 사용해도 줄지 않는 것은 처음이야."

갑자기 눈앞에 확 불덩어리가 나타나고 마침내 X국 전투기인 듯한 것이 활활 불타면서 바닷속으로 떨어진다.

"해냈어! 격추시켰다!"

"X국이다. X국의 제로 파이터가 틀림없어. 위험할 뻔했어."

"그러나 지금의 그것은 도대체 어디서 날아온 거야."

"몰라. 모르지만 해치웠어. 무엇이든 좋으니까 마구 쏘아대면 되는 거야."

풍부한 물량으로 위력을 발휘한 A국군의 견고한 수비에 가미가제기의 대부분은 A국의 함정에 부딪히기 전에 불타올라 추락했다.

3월 17일에는 유황도로부터의 통신이 두절되었다. 6월 23일에는 오키나와 수비군 사령관이 할복자살했다.

A국군의 다음 공격목표는 X국 본토였다. 그러나 이보다도 전에 로스앨러모스의 공장에서 만들어진 비밀무기가 B29에 의해서 X국 본토에 운반되어 온 것이다.

8월 6일 오전 8시 15분, 히로시마 상공에서 몰살시키는 무기가 투하되었다. 이로부터 3일 후인 8월 9일 오전 10시 58분에 나가사키 북부에서도 마찬가지의 일이 일어났다. 이리하여 X국은 항복했다.

8월 30일 맥아더는 X국 본토의 아쓰기 비행장에 내렸다. 이보다 조금 전에 X국의 모 연구소에서 대량의 자재를 태우는 연기가 며칠이나 계속해서 피어오르는 것을 볼 수 있었다고 한다.

맥아더의 진주와 동시에 많은 MP가 X국 내의 온갖 장소를 찾아다녔으나 '$\hbar$'에 관한 자료는 한 장도 발견할 수 없었다.

이 이야기는 픽션이고 등장하는 인물 및 단체명은 모두 가공의 것이어서 특정 모델은 존재하지 않는다고 할 수는 없을 것이다. 사실상 지금부터 50년쯤 전에 이와 아주 비슷한 사건이 있었기 때문이다. 다만 진짜 사건에서는 플랑크 상수라 불리는 $\hbar$가 $\hbar=0.6\times10^{-27}$(에르그 · 초)라는 것처럼 매우 작은 것이었다. $\hbar$가 작기 때문에 이 이야기와는 달리 군함도 비행기도, 기총사격을 하는 병사도 어떤 때는 레이더에 비치고 때로는 육안으로 명확하게 확인할 수 있었다.

언제나 명확하게 사물을 보고 있는 인간에게 이 이야기는 SF이다. 공상 즉 상식 밖의 사건이 된다. 그러나 가령 $\hbar$가 크다고 하면…… 현재 우리의 생활은―원인이 있으면 그에 따라서 확정적인 결과가 도래하는 현행의 생활방식은―오히려 불가해(不可解)로 느껴질 것이 틀림없다. 정원에 놓인 돌은 손자의 대까지 움직이는 일이 없고 지금 눈앞을 달려서 지나간 자동차는―급브레이크를 밟지 않는 이상―10초 후에는 저쪽 길목을 달리고 있다. 이처럼 당연하다고 생각되고 있는 것도 어쩌다가 $\hbar$가 매우 작기 때문의 귀결이다.

그러면 $\hbar$가 왜 그렇게 작은가?

이것이 물리학으로 대답할 수 있는 의문인지 어떤지, 약간 애매하다. 자연과학이란 원래 있는 그대로의 모습을 기술해 가는 학문이다. $\hbar$의 값은 그대로 순순히 인정하고 그로부터 앞의 일은 파헤쳐 조사하지 않는다고 하는 태도 쪽이 혹시 현명할지도 모른다. 그런데 여기서 파헤쳐 조사하는 것을 중단하는가 어떤가는 우리가 과학에 대해서 어떤 자세를 취하는가라는 자세의 문제가 된다.

잘 알려져 있는 것처럼 전자나 광자와 같은 소립자론의 문제를 정면으로 계산해 가면 진공 편극이라든가, 장(場)의 반작용이라든가 갖가지 물리량이 무한대가 돼버린다. 도모나가 박사는 교묘한 방법으로 이들의 무한대를 정리정돈하여 결국은 전자의 질량의 무한대와 그 전하의 무한소에 모든 것을 편입시켰다. 즉 질량과 전하에 대해서만 '무한'이라는 극히 불합리한 값을 허용받기로 하면 나머지는 만사가 잘 수습이 된다는 것이다.

물리적인 여러 가지의 양의 관계는 이것으로 해결되었다. 그러나 마지막으로 남겨진 질량과 전하는 실제로는 어떻게 처리하는가?

질량과 전하에 대해서는 측정된 실험값을 그대로 사용하는 것이다. 이치상으로는 '무한'이 되어야 할 곳에 모르는 체하고 현실의 수치를 대입하면 이야기가 순조롭게 진행된다.

실험값이라는 것은 귀중한 것이고 모든 이론은 실험값을 토대로 발전해 간다. 따라서 우선 처음에 질량과 전하 있음을 인정한다면 같은 논법으로 원인과 결과의 중개 역할로서 h 정도의 불확정 있음이라는 것도 부자연스럽지는 않다.

h는 자연계에 엄연히 존재하는 확고불변의 것이고 그 크기를 운운하는 것은 무의미하다는 것이 정론(正論)일지도 모른다. 그러나 그렇다고 해서

현실 세계의 불가사의함이 없어지는 것은 아니다. h가 효력이 있는 옹스트롬 정도의 크기에 반해서 왜 인간은 그 100억 배나 큰 존재가 아니면 안 되는가……라는 질문은 인간의 신체를 향해서 던져진 것이 된다.

인간이 가령 현재보다도 수백억 배나 크다면 어떠할까. 이때는 발끝에서 눈에 빛이 도달하는 데 수초의 시간이 필요하다. 우리는 상대성 원리의 영향 없이 하루하루를 보낼 수는 없다. 길이라는 개념은 근본적으로 고쳐지고, 나와 여러분이 소유하는 시각은 달라진다. 그렇게 큰 인간은 지구에 올라타고(?) 있을 수 없다고 한다면, 어째서 지구는 현재와 같은 크기가 아니면 안 되는가.

생물은 다수의 세포가 모인 것이고 자연도태, 적자생존에 따른 진화의 결과, 현재의 크기에 이른 것이라고 생물학적으로 대답해 버리면 뭐라고 할 말이 없다. 그러나 불확정성 원리에 영향을 받기에는 너무나 크고 상대성 원리에 사로잡히기에는 너무나도 작은 인간의 존재는 단순히 생물학적으로 당연히 그렇게 있어야 할 것이라 일컬어도 너무나도 멋지다.

만일 인간이 충분히 크다면 항상 상이한 시각을 의식할 것이고 반대로 의식하는 자기가 충분히 작다면(물리적으로) 객체와 대립하여 이것을 바라보는 나는 없어질 것이다.

존재하는 것은 다른 것과 상호작용을 계속하는 자기뿐이다. 물리적으로도 사상적으로도 주위와 완전히 분리된 자기라는 것은 생각할 수 없다. 자기가 없으면 세계가 없고 세계가 없으면 자기도 없다. 그리고 인간이 물리적으로 더 작았다고 하면 불확정성에 놀아나서 지금과는 다른 작은 세계에

살지 않을 수 없게 되고 거듭 아주 더 작아져서 예컨대 원자 몇 개 정도였다면 관측이라는 활동 자체가 불가능해져 자아(自我)는 매몰돼 버린다…….

이미 살펴본 것처럼 불확정성 원리는 원인과 결과를 연결하는 필연이라는 굴레를 절단한 것인데 시사적인 일면으로서 다른 것과 교섭을 하지 않는 자기라는 것도 부정하고 있는 것이다.

라플라스의 악마는 마이크로의 물리학 속에서 부정되었다. 원자의 세계에서의 법칙은 그대로 원자의 세계 속에만 머무르는 것이 아니고 그 정신은 더 넓고 일반적으로 추진되어야 마땅할 것이다.

1장에서 언급한 것 같은 인간의 운명의 필연성이라는 것도 무기물계(비생물체의 세계)에서 라플라스의 악마가 존재하지 않는다고 한 이상은 지금 한번 고쳐 생각하지 않으면 안 될 것이다. 인간의 신체가, 특히 그 두뇌의 기능이 정교한 톱니바퀴나 트랜지스터처럼 기계적으로 운영되어 간다는 것에는 큰 의문을 갖게 된다.

그러나 바로 불확정성 원리가 있기에 인간에게는 자유의사(외부로부터 제한이나 속박을 받지 않고 자기 생각대로 하는 의사)가 있는 것이라고 간단히 말할 작정은 아니다. 만일 그렇다면 마찬가지로 원자로부터 구성되어 있는 모든 물질은—나무라도 돌이라도 공기라도— 모두 자유의사를 갖게 돼버린다. 만일 그렇게 된다면 이것이야말로 큰일이다. 지구상에 50억 이상의 자유의사가 있고…… 실제로는 인간의 집단을 기구적으로 움직여 가는 것은 아주 더 수가 적은 자유의사(위정자 등)이지만 그래도 하루 종일 분규가 일어나고 있는 것은 잘 알려진 대로다. 게다가 돌이 발언하고 물이 자기 요구를 주장하며 강물이 자기 이익을 위해서 행동한다면…… 어떻게도 수습이 되지 않는다.

생명을 갖지 않은 물질은 밖으로부터의 작용(물리학에서 말하는 힘)만으로 움직이고 극히 하등의 생물은 밖으로부터의 자극에 대해서 맹목적으로 반응할 뿐인데 인간에게는 거듭 선택적인 의사가 작용한다는 사실은 도대체 어떠한 해석을 하면 되는 것인가. 불확정성 원리는 과거의 사실이 미래를 필연적으로 결론짓는다는 것을 부정하고 있다. 나의 운명도, 당신의 장래도 이미 결정된 것이다……라는 운명론에 의문을 던지는 근거가 된다. 그러나 그것이 무기물, 유기물(생명체 구성물질) 모두를 총괄한 복잡 다양한 세계의 움직임을 설명할 수 있는 것인지 어떤지는 의심스럽다. 알고 있는 것은 마이크로의 세계에서의 인과관계 부정이라는 극히 약간의 일뿐이다.

온갖 현상의 기본적 무대인 물질세계에서 라플라스의 악마가 부정된 이상, 그 위에 구축된 거듭 광대한 세계에서도 결정적인 운명론이라는 것은 그 존재가 희미해진다. 인간의 일생에서도, 그 인간이 모여 만들어 내는 시대의 경과—즉 역사—에 대해서도 이러한 것은 성립할 것이다. 역사는 필연이라는 말을 흔히 듣는다. 과연 그러한 것일까.

벼랑 아래의 길을 어떤 사람이 걷고 있다고 하자. 그때 비 때문에 느슨해진 지반에서 돌이 미끌어져 낙하하여 이 사람의 머리를 때려 즉사시켰다. 이럴 때 우리는 참으로 불운했다, 우연의 장난이란 무서운 것이라고 말한다.

그러나 돌의 낙하는—돌은 원자에 비해서 터무니없이 크기 때문에—당연히 떨어져야 하기에 떨어졌다고 단정해도 지장 없을 것이다. 불확정성 원리에 충실한 방법으로 표현한다면 거의 1에 가까운 확률로 돌은 사람을 죽인 것이 된다. 그렇지만 인간은 벼랑 위의 돌에까지 신경을 쓰고 있을 수는 없다. 전날의 비의 양, 지반이 약한 정도, 돌의 크기와 그 위치 등 상세한 자료를 몰랐기 때문에(모를 뿐 아니고 마음에도 두지 않았기 때문에) 그 아래를 걷는 사람이 불행(이라 일컬어지는)한 운명에 조우한 것이다.

만일 엉큼한 인간이 벼랑 위에 있고 그 아래를 지나는 동료에게 (아마 언짢게 생각하고 있는 사이일 것이다) 돌을 떨어뜨려 죽음에 이르게 했다면 어떠할까. 이럴 때는 우연이라는 말은 사용하지 않는다. 우연이 아니라면 필연인가? 이 언저리의 부분을 생각하면 할수록 알쏭달쏭하다.

위의 이야기를 더 규모를 키우면 다음과 같이 된다. 우라늄 235라는 원자는 일정량 집중시키면(단지 모였다는 것만으로) 대폭발한다. 지구상에는 우라늄 광석이 여기저기 있고 보통의 우라늄 속에 235라는 동위원소가 0.7% 정도 섞여 있다. 지구 전체의 동위원소를 모은다면 방대한 양이 되고 천지도 부풀어 터질 정도의 대폭발을 일으킬 것이지만, 천연의 우라늄이 바람에 날리고 비에 떠내려가서 우연히 어딘가에 집합하고, 게다가 235만이 우연히 분리되는 것은 생각할 수 없다. 아주 작은 확률로밖에 그러한 일은 일어날 수 없기 때문이다.

그러면 지구상에 우라늄의 폭발은 생길 수 없는가? 그렇지 않다. 이미 수십 회나 되는 사태가 발생했고 그 가운데는 대량의 인간을 사상케 한 일도 있다. 바람이나 비, 또는 원자의 자연이동이 아니고 인간이라는 의사를 갖는 동물이 이 위험물을 모았기 때문이다.

우라늄 235가 집중될 가능성은 인간을 빼놓은 경우에는 매우 작지만 한 번 인간의 두뇌를 경과한 기구(機構)를 생각하면 상당히 큰 확률이 된다. 이처럼 사람의 의사는 사물의 추이에 대해서 매우 큰 역할을 하고 있다. 모든 사항은 확률적으로 행해진다고는 하지만, 사람의 의사에는 놀랄 만큼의 특수성이 포함되어 있고 게다가 그 두뇌가 갖는 신비성은 여전히 수수께끼다.

한발, 폭풍, 지진 등과 같은 자연현상이 역사를 바꾸는 일도 있지만 많은 경우에도 사람의 의사가 세계의 움직임을 결정한다. 많은 사람, 즉 다수의 의사 누적이, 예컨대 1발의 권총 탄환을 계기로 하여 큰 전쟁으로 발전하고, 원자핵의 구조를 알려고 하는 요구가 쌓이고 쌓여 이것이 적을 타도한다는 지도자의 방침과 교차했을 때 대량살육의 무기가 된다.

매머드나 공룡이 멸망하여 지구상에서 모습이 사라진 것은 자연선택의 결과이므로 혹시 필연이라는 말이 적합할지도 모른다.

그러나 인간에 대해서는 어떠할까. 무기물이나 식물, 거듭 그 밖의 동물에 없는 '자유의사' 속에 무언가 보통의 인과율과는 다른 것이 존재하고 있는 것 같은 느낌이 든다. 더구나 인간 개인의 문제뿐 아니라 많은 '의사'가 모여서 사회생활을 영위할 때 의사와 의사와의 상호작용이 생각지도 못한 방향으로 인간 생활을 몰아넣어 갈 가능성도 생각할 수 있다. 게다가 가능한 것이라면 무엇이든 해보인다(예컨대 달여행이라든가, 수소폭탄이라든가, 시험관 아기라든가)는 경향은 마침내는 돌이킬 수 없는 엉뚱한 일을 저지르는 것이 아닌가 하고 위구심을 갖게 한다. 거기에 산이 있으니까 오르는 것이라는 말은 확실히 지당한 말이지만, 올라가면 끝장이라 내려올 수 없는 산이라는 것이 인간세계 특히 앞으로의 세계에는 수많이 복재(伏在)하고 있는 것은 아닐까.

원폭, 수폭의 폐해는 논할 필요도 없이 명백하다. 그런데 사람의 의사에 따라서 추진되어 가는 사회적 진보—공장의 건설, 도로, 철도의 개발, 도시로의 인구 집중, 인구 상호관계의 복잡화, 이것들 속에 은연하게 존재하고 더구나 급속도로 생성되어 가는 공해의 무서움은 수소폭탄 이상의 것인지도 모른다.

인간의 의사를 지배하는 불확정 요소는 아직도 풀리지 않았지만 수수께끼는 수수께끼대로 껴안고 있다 해도 사물의 추이는 인간만이 갖는 특징적인 요소로써 선택적으로 행해지고 있다면…… 새로운 것이 단지 새롭다는 것 이외에 어떠한 가치를 갖는지, 그 검토는 조잡해서는 안 될 것이다.